Formeln - Erläuterungen - Beispiele

für den mathematisch-naturwissenschaftlichen Unterricht in der Sekundarstufe I

ISBN 3-506-37021-9 Neubearbeitung 1986 Druck 7 6

0 Aussagenlogik u. Mengenlehre . . . 2
0.1 Aussagenlogik 2
0.2 Grundbegriffe der Mengenlehre 4
0.3 Beziehungen zwischen Mengen 6
0.4 Operationen mit Mengen . . . 8
0.5 Gesetze der Mengenalgebra . . 9
0.6 Wichtige Zahlenmengen . . . 10
0.7 Primzahlen, Primfaktoren, Teilbarkeitsregeln 12

1 Rechnen und Algebra 13
1.01 Gesetze der Anordnung und Grundgesetze 13
1.02 Rechnen mit ganzen Zahlen . . 14
1.03 Rechnen mit rationalen Zahlen . 16
1.04 Verhältnisrechnung, Prozent- und Zinsrechnung 18
1.05 Termumformungen 19
1.06 Potenzen und Wurzeln 20
1.07 Logarithmen 23
1.08 Relationen 24
1.09 Funktionen 25
1.10 Lineare Gleichungen und Ungleichungen 33
1.11 Gleichungs- und Ungleichungssysteme 35
1.12 Quadratische Gleichungen . . 37
1.13 Folgen, Reihen, Zinseszinsrechnung 39
1.14 Algebraische Strukturen 42
1.15 Gruppentafeln 44

2 Kombinatorik, Wahrscheinlichkeit, Statistik 45

3 Zahlentafeln 47
Binomialkoeffizienten, Fakultäten, Potenzen, Vielfache von π, Pythagoreische Zahlen, Zufallszahlen 47

4 Geometrie und Stereometrie . 50
4.1 Winkel 50
4.2 Abbildungsgeometrie 51
4.3 Dreiecke 60
4.4 Vierecke 63
4.5 Kreis, Kreisteile, Ellipse 64
4.6 Körper und Körperberechnung . 66
4.7 Vektoren 70

5 Trigonometrie 74

6 Zahlentafeln 79
Wichtige Werte der Winkelfunktionen, Dezimalteile des Grades u. Minuten, Grad- u. Bogenmaß 79

7 Maßeinheiten 80

8 Größen, Formeln und Tabellen der Physik 81
8.1 Gesetzliche Größen und Einheiten 81
8.2 Umrechnungsmöglichkeiten . . 82
8.3 Vielfache und Teile von Einheiten und Konstanten 83
8.4 Formeln 84
8.5 Tabellen 88

9 Begriffe, Formeln und Tafeln der Chemie 90
9.1 Allgemeine Grundbegriffe . . . 90
9.2 Formeln d. anorganischen Chemie 94
9.3 50 wichtige Elemente 96
9.4 50 anorganische Verbindungen . 96
9.5 Formeln der organischen Chemie 97
9.6 50 organische Verbindungen . . 104
9.7 Periodensystem der Elemente

Stichwortverzeichnis: Mathematik, Physik, Chemie 105

0

0 Aussagenlogik und Mengenlehre

0.1 Aussagenlogik

Aussage	Eine **Aussage** ist ein Satz, von dem eindeutig festgestellt werden kann, ob er **wahr** oder **falsch** ist. Eine wahre Aussage hat den **Wahrheitswert** „wahr“ (w oder 1), eine falsche Aussage den Wahrheitswert „falsch“ (f oder 0).	Blumen sind schön. (keine Aussage) Geh bitte nach Hause! (keine Aussage) Der Mond ist unbewohnt. (w) Die Zahl 8 ist eine Primzahl. (f) $21 - 4 \cdot 3 = 9$ (w) $17 + 3 \cdot 5 = 30$ (f)
Aussageform	Eine **Aussageform** ist ein Satz, der eine oder mehrere **Variable** enthält und der bei Ersetzung der Variablen durch **Konstanten** in eine wahre oder falsche Aussage übergeht.	○ ist ein Planet. Erde für ○ : w Mars für ○ : w Sonne für ○ : f $x + 5 = 8$ 1, 2, 4, 5 für x : f 3 für x : w
Konstante	Eine **Konstante** ist ein Zeichen mit einer selbständigen Bedeutung („bedeutungsvoll“).	c: Lichtgeschwindigkeit π: Zahl Pi e: Eulersche Zahl
Variable	Eine **Variable** ist ein Zeichen ohne eine selbständige Bedeutung („bedeutungsleer“). Variable werden auch als **Leerstellen** oder **Platzhalter** bezeichnet.	$y + 2 < 10$ $z + 4 = 0$ $\alpha + \beta + \gamma = 180°$
Term	Ein **Term** ist ein Ausdruck aus zwei oder mehr Zeichen für Zahlen, Konstanten und Variablen, die durch Addition, Subtraktion, Multiplikation oder Division verbunden sind.	2^{10}, $2 + 2$ $2 + y$, $2 \cdot x$, $x \cdot x$, $x \cdot y$, $\frac{x^2 - 1}{y^2 + 1}$, $(x - y)^2$
Junktor	Ein **Junktor** ist ein Zeichen für eine logische Verknüpfung, mit deren Hilfe sich Aussagen bzw. Aussageformen zu neuen Aussagen bzw. Aussageformen verbinden lassen.	„non“: $\neg$ „und“: $\wedge$ „oder“: $\vee$ „wenn – so“: $\rightarrow$ „genau dann – wenn“: $\leftrightarrow$
Negation $\neg$	Das **Verneinen** einer Aussage bezeichnet man als **Negation**. Ist A eine Aussage, so bezeichnet man die zugehörige negierte Aussage mit $\neg A$ (oder $\overline{A}$). ($\neg$: gelesen „non“ oder „nicht“) Ist eine Aussage wahr, so ist die	A: 3 ist eine Primzahl (w) $\neg$A: 3 ist keine Primzahl (f) $\neg 3 \cdot 4 = 10$ (w) $3 \cdot 4 = 10$ (f) $\neg 3 \cdot 4 = 12$ (f) $3 \cdot 4 = 12$ (w)

	negierte Aussage falsch. Ist eine Aussage falsch, so ist die negierte Aussage wahr.	Wahrheitstafel der Negation A | ¬A w | f f | w
Wahrheitstafel	Der Wahrheitswert einer zusammengesetzten Aussage C hängt von den Wahrheitswerten der zwei durch einen Junktor miteinander verknüpften Teilaussagen A und B ab. Die Zusammenstellung aller möglichen Kombinationen der Wahrheitswerte nennt man die **Wahrheitstafel** der Verknüpfung.	A: Herr Meier kauft ein Auto. B: Er hat Geld. C: Herr Meier kauft ein Auto und hat kein Geld. Verknüpfung: „und“ Wahrheitstafel: C = ¬B ∧ A
Konjunktion ∧	Die Verknüpfung zweier Aussagen durch „∧“ (gelesen: „**und**“) zu einer neuen zusammengesetzten Aussage nennt man **Konjunktion** (UND-Verknüpfung). Die Konjunktion zweier Aussagen A und B ist genau dann wahr, wenn jede der verknüpften Teilaussagen wahr ist; sie ist genau dann falsch, wenn mindestens eine der verknüpften Teilaussagen falsch ist.	$3 \cdot 4 = 12 \wedge 3 + 4 = 7$ (w) $3 \cdot 4 = 12 \wedge 3 + 4 = 5$ (f) $3 \cdot 4 = 10 \wedge 3 + 4 = 7$ (f) $3 \cdot 4 = 10 \wedge 3 + 4 = 5$ (f) Wahrheitstafel:
Disjunktion ∨	Die Verknüpfung zweier Aussagen durch „∨“ [gelesen: „**oder**“ (im nicht ausschließenden Sinn)] zu einer neuen zusammengesetzten Aussage nennt man **Disjunktion**(ODER-Verknüpfung). Die Disjunktion zweier Aussagen ist genau dann wahr, wenn mindestens eine der verknüpften Teilaussagen wahr ist; sie ist genau dann falsch, wenn jede der verknüpften Teilaussagen falsch ist.	$3 \cdot 4 = 12 \vee 3 + 4 = 7$ (w) $3 \cdot 4 = 12 \vee 3 + 4 = 5$ (w) $3 \cdot 4 = 10 \vee 3 + 4 = 7$ (w) $3 \cdot 4 = 10 \vee 3 + 4 = 5$ (f) Wahrheitstafel:

Wahrheitstafel: C = ¬B ∧ A

	A	B	C
1. Fall: Herr Meier kauft ein Auto und hat Geld.	w	w	f
2. Fall: Herr Meier kauft ein Auto und hat kein Geld.	w	f	w
3. Fall: Herr Meier kauft kein Auto und hat Geld.	f	w	f
4. Fall: Herr Meier kauft kein Auto und hat kein Geld.	f	f	f

Konjunktion – Wahrheitstafel:

A	B	A ∧ B
w	w	w
w	f	f
f	w	f
f	f	f

Disjunktion – Wahrheitstafel:

A	B	A ∨ B
w	w	w
w	f	w
f	w	w
f	f	f

Subjunktion $\rightarrow$

Die Verknüpfung zweier Aussagen durch „$\rightarrow$" (gelesen: wenn ... dann ...) zu einer neuen zusammengesetzten Aussage nennt man **Subjunktion** (WENN-DANN-Verknüpfung).
Die Subjunktion $A \rightarrow B$ zweier Aussagen A und B ist genau dann wahr, wenn A falsch oder B wahr ist; sie ist genau dann falsch, wenn A wahr und B falsch ist.

$3 \cdot 4 = 12 \rightarrow 3 + 4 = 7$ (w)
$3 \cdot 4 = 12 \rightarrow 3 + 4 = 5$ (f)
$3 \cdot 4 = 10 \rightarrow 3 + 4 = 7$ (w)
$3 \cdot 4 = 10 \rightarrow 3 + 4 = 5$ (w)

Wahrheitstafel:

A	B	$A \rightarrow B$
w	w	w
w	f	f
f	w	w
f	f	w

Implikation $\Rightarrow$

Eine Aussageform $A \rightarrow B$ (Subjunktion) heißt **Implikation** $A \Rightarrow B$ (gelesen: aus A folgt B), wenn sie bezüglich einer Grundmenge allgemein gültig ist, d. h. die Aussageform $A \rightarrow B$ hat bei jeder Einsetzung eines Elements der Grundmenge für die Variable den Wahrheitswert w (bzw. 1).

Die Subjunktion $x < 5 \rightarrow x < 12$ ist bezüglich der Grundmenge $\mathbb{N}$ (Menge der natürlichen Zahlen) allgemeingültig, d. h. es ist eine Implikation.
$x < 5 \Rightarrow x < 12, x \in \mathbb{N}$

Bijunktion $\leftrightarrow$

Die Verknüpfung zweier Aussagen durch „$\leftrightarrow$" (gelesen: genau dann ... wenn) zu einer neuen zusammengesetzten Aussage nennt man **Bijunktion** (GENAU-DANN-WENN-Verknüpfung).
Die Bijunktion $A \leftrightarrow B$ zweier Aussagen ist genau dann wahr, wenn beide Teilaussagen A und B wahr oder beide falsch sind; sie ist genau dann falsch, wenn eine der Teilaussagen falsch ist.

$3 \cdot 4 = 12 \leftrightarrow 3 + 4 = 7$ (w)
$3 \cdot 4 = 12 \leftrightarrow 3 + 4 = 5$ (f)
$3 \cdot 4 = 10 \leftrightarrow 3 + 4 = 7$ (f)
$3 \cdot 4 = 10 \leftrightarrow 3 + 4 = 5$ (w)

Wahrheitstafel:

A	B	$A \leftrightarrow B$
w	w	w
w	f	f
f	w	f
f	f	w

Äquivalenz $\Leftrightarrow$

Eine Aussageform $A \leftrightarrow B$ (Bijunktion) heißt **Äquivalenz** $A \Leftrightarrow B$ (gelesen: A äquivalent B), wenn sie bezüglich einer Grundmenge allgemeingültig ist (vgl. Kap. 1.10.).

$x < 5 \Leftrightarrow x \cdot 3 < 5 \cdot 3, x \in \mathbb{N}$
$x = 3 \Leftrightarrow x + 2 = 3 + 2$

0.2 Grundbegriffe der Mengenlehre

Menge

„Unter einer **Menge** versteht man die Zusammenfassung bestimmter wohlunterschiedener Objekte unserer Anschauung oder unseres Denkens zu einem Ganzen" (Cantor). Eine Menge M kann durch Zusammenfassung von Objekten genau dann gebildet werden, wenn man eindeutig feststellen kann, ob diese zur Menge M gehören oder nicht.

1) Menge der Bundesländer de Bundesrepublik Deutschland
2) Menge der Mathematiklehre unserer Schule
3) Menge der durch 3 teilbaren natürlichen Zahlen zwischen 1 und 40.
4) Menge der natürlichen Zahlen von 1 bis 100 mit der Endziffer 1

Diagramm	Mengen lassen sich durch **Diagramme** darstellen.	
A, B, C, . . .	Mengen werden durch große Buchstaben des Alphabets gekennzeichnet.	A B
{a, b, c, . . .}	Die Objekte der Mengen bezeichnet man als **Elemente**, diese werden durch kleine Buchstaben des Alphabets symbolisiert. An Stelle eines Diagramms werden häufig geschweifte Klammern verwandt, um die Zusammenfassung zu einer Menge deutlich zu machen. Dabei wird jedes Element einer Menge nur einmal aufgeführt. Man unterscheidet zwischen 1) Mengendarstellungen in **aufzählender** Form $M = \{x_1, x_2, x_3, x_4, \ldots, x_n\}$ und 2) Mengendarstellungen in **beschreibender** Form M = {x | x hat eine bestimmte Eigenschaft}	Zu 1) A = {Baden-Württemberg, Bayern, Berlin, Bremen, Hamburg, Hessen, Niedersachsen, Nordrhein-Westfalen, Rheinland-Pfalz, Saarland, Schleswig-Holstein} C = {12, 15, 18, 21, 24, 27, 30, 33, 36, 39} D = {1, 11, 21, 31, 41, 51, 61, 71, 81, 91} Zu 2) A = {a | a ist Bundesland der Bundesrepublik Deutschland} B = {y | y ist Mathematiklehrer unserer Schule} C = {c | c ist eine durch 3 teilbare natürliche Zahl zwischen 10 und 40} D = {k | k ist eine natürliche Zahl von 1 bis 100 mit der Endziffer 1}
M = **$\{x_1, x_2, \ldots, x_n\}$**	Schreibweise für eine **endliche** Menge. Eine Menge heißt endlich, wenn sie endlich viele Elemente enthält.	E = {1, 2, 3, 4, ... , 10} oder E = {x | x ist eine natürliche Zahl von 1 bis 10} F = {5, 10, 15, 20, ... , 50} oder F = {f | f ist Vielfaches von 5 zwischen 1 und 54}
M = **$\{x_1, x_2, x_3, \ldots\}$**	Schreibweise für eine **unendliche** Menge.	G = {2, 4, 6, 8, 10, 12, 14, ...} oder G = {y | y ist eine positive gerade Zahl} V = {5, 10, 15, 20, 25, ...} oder V = {v | v ist ein natürliches Vielfaches von 5}
abzählbar	Eine Menge heißt **abzählbar unendlich** (kurz: abzählbar), wenn jedem Element der Menge eine natürliche Zahl so zugeordnet werden kann, daß jedem Ele-	

	ment der Menge genau eine natürliche Zahl und jeder natürlichen Zahl genau ein Element der Menge entspricht.	
überabzählbar	Eine Menge heißt **überabzählbar unendlich** (kurz: überabzählbar), wenn es eine eineindeutige Zuordnung zwischen den Elementen der Menge und den natürlichen Zahlen nicht gibt.	R = {x | x ist eine reelle Zahl} S = {x | x ist eine reelle Zahl zwischen 0 und 1}
L = {a}	Es gibt Mengen mit nur einem Element. Solche Mengen heißen **Einermengen** (einelementige Mengen).	K = {k | k ist unser Klassenlehrer} K = {Herr Bolle} Z = {z | z ist die Mathematikzensur meines letzten Zeugnisses} Z = {3}
{ }, ∅	Eine Menge ohne Element wird als die „**leere Menge**" bezeichnet.	T = {t | t ist Säugetier mit 7 Beinen} T = { } X = {x | x ist eine einstellige durch 17 teilbare Zahl} X = { }
a ∈ M **b ∉ M**	a ist ein Element der Menge M. b ist kein Element der Menge M.	Wenn M = {4, 5, 6, 7, 8}, so gilt 4 ∈ M, 5 ∈ M, 6 ∈ M, 7 ∈ M und 8 ∈ M, aber 1 ∉ M, 2 ∉ M, 3 ∉ M, 9 ∉ M usw.
| A |	**Kardinalzahl** einer endlichen Menge A, sie gibt die Anzahl der verschiedenen Elemente an.	A = {5, 6, 7, 8, 9} ⇒ | A | = 5 B = {10, 20, 10, 20, 10} ⇒ | B | = 2 C = {$\frac{1}{2}$, 3, 5, $\frac{4}{2}$, 4, 2, $\frac{3}{6}$} ⇒ | C | = 5

0.3 Beziehungen zwischen Mengen

A = B	Zwei Mengen sind genau dann **gleich**, wenn sie dieselben Elemente enthalten. Dabei ist die Reihenfolge der Elemente beliebig.	A = {1, 3, 5, 7, 9}, B = {9, 3, 1, 7, 5} ⇒ A = B R = {r, s, t, u, v, w}, S = {s, r, u, w, v, t} ⇒ R = S
A ≠ B	Zwei Mengen sind **ungleich**, wenn in einer Menge mindestens ein Element vorkommt, das nicht in der anderen Menge enthalten ist.	C = {2, 4, 6, 8, 10}, D = {4, 6, 8, 10, 12} ⇒ C ≠ D V = {r, s, t, u, v, w}, W = {u, v, w, x, y, z} ⇒ V ≠ W
elementefremd	Zwei Mengen heißen **elementefremd** (disjunkt), wenn sie überhaupt kein gemeinsames Element enthalten.	G = {2, 4, 6, 8, 10}, U = {1, 3, 5, 7, 9} ⇒ G und U sind elementefremd

$\mathbf{A \sim B}$	Eine endliche Menge A ist **äquivalent** (gleichmächtig) zur endlichen Menge B, wenn Menge A und Menge B dieselbe Anzahl von Elementen enthalten. $(\lvert A \rvert = \lvert B \rvert)$	$A = \{a, b, c, d\}$, $B = \{3, 4, 5, 6\}$ $\Rightarrow A \sim B$ $C = \{2, 4, 6, 8, 10\}$, $D = \{2, 6, 10, 14, 18\}$ $\Rightarrow C \sim D$
$\mathbf{A \subseteq B}$	Eine Menge A heißt genau dann **Teilmenge** einer Menge B, wenn jedes Element aus A auch in B enthalten ist. Die Mengen A und B können gleich sein.	$A = \{2, 5, 9\}$, $B = \{1, 2, 3, \ldots, 10\}$ $\Rightarrow A \subseteq B$ $C = \{a, b, c, d\}$ $D = \{b, a, d, c\}$ $\Rightarrow C \subseteq D$
$\mathbf{A \subset B}$	Eine Menge A heißt genau dann eine **echte Teilmenge** einer Menge B, wenn jedes Element aus A auch in B enthalten ist und wenn es in B mindestens ein Element gibt, das nicht in A enthalten ist. Die Mengen A und B sind dann notwendig voneinander verschieden. Bei mehreren Mengen können sich **Teilmengenketten** ergeben. $A \subset B \subset C \Rightarrow A \subset C$	$A = \{2, 5, 9\}$ $B = \{1, 2, 3, \ldots, 10\}$ $\Rightarrow A \subset B$ $Q = \{a, b, e, l\}$, $S = \{a, b, c, d, e, f, g, h, i, k, l\}$ $\Rightarrow Q \subset S$ R L K S H H = {h | h ist Bewohner unseres Hauses} S = {s | s ist Einwohner unserer Stadt} K = {k | k ist Einwohner unseres Kreises} L = {l | l ist Einwohner unseres Bundeslandes} R = {r | r lebt in der Bundesrepublik Deutschland} $\Rightarrow H \subset S, H \subset K, H \subset L,$ $H \subset R$ $S \subset K, S \subset L, S \subset R$ $K \subset L, K \subset R$ $L \subset R$ oder kürzer: $H \subset S \subset K \subset L \subset R$
$\mathbf{\{\ \} \subseteq A, B, C, \ldots}$	Die **leere Menge** ist Teilmenge jeder Menge.	
$2^{\lvert A \rvert} = 2^n$	Anzahl möglicher Teilmengen: Von einer endlichen Menge A mit der Kardinalzahl $\lvert A \rvert = n$ lassen sich genau 2^n Teilmengen bilden.	$A = \{a, b, c\}$, $2^3 = 8$ Teilmengen: $\{a, b, c\}, \{a, b\}, \{a, c\}, \{b, c\},$ $\{a\}, \{b\}, \{c\}, \{\ \}$ $B = \{0, 1, 2, 3\}$, $2^4 = 16$ Teilmengen $\{0, 1, 2, 3\}, \{0, 1, 2\}, \{0, 1, 3\},$ $\{0, 2, 3\}, \{1, 2, 3\}, \{0, 1\}, \{0, 2\},$ $\{0,3\}, \{1,2\}, \{1,3\}, \{2,3\}, \{0\}, \{1\},$ $\{2\}, \{3\}, \{\ \}$

A'	**Komplementärmenge** (Ergänzungsmenge) einer Menge A in einer gegebenen Grundmenge G ($A \subseteq G$). Die Komplementärmenge einer Menge A in einer gegebenen Grundmenge G enthält genau die Elemente, die nicht in A enthalten sind. $A' = \{x \mid x \in G \wedge x \notin A\}$	$G = \{1, 2, 3, \ldots, 8, 9\}$, $A = \{4, 5, 6\}$ $\Rightarrow A' = \{1, 2, 3, 7, 8, 9\}$ 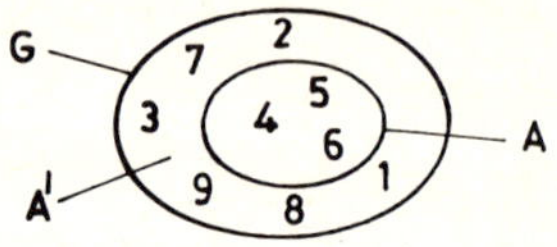
$(A')' = A$	Die Komplementärmenge einer Komplementärmenge ist die ursprüngliche Menge.	$G = \{1, 2, 3, \ldots, 8, 9\}$ $A' = \{1, 2, 3, 7, 8, 9\}$ $\Rightarrow (A')' = \{4, 5, 6\} = A$

0.4 Operationen mit Mengen

$A \cap B$	**Durchschnittsmenge** (Schnittmenge) der Mengen A und B. Die Durchschnittsmenge zweier Mengen A und B enthält genau die Elemente, die sowohl in A als auch in B enthalten sind. $A \cap B = \{x \mid x \in A \wedge x \in B\}$	$A = \{a, b, c, d, e, f\}$ $B = \{d, e, f, g, h\}$ $\Rightarrow A \cap B = \{d, e, f\}$ 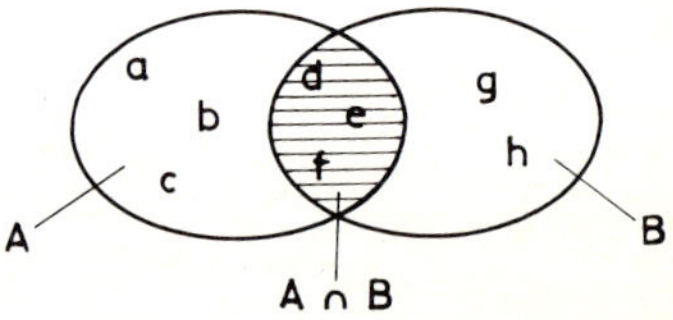 $V = \{2, 4, 6, 8, 10, 12, 14, 16, 18\}$ $W = \{3, 6, 9, 12, 15, 18, 21\}$ $\Rightarrow V \cap W = \{6, 12, 18\}$
$A \cap B = \{\ \}$	Ergibt sich als Durchschnittsmenge (Schnittmenge) zweier Mengen die leere Menge, so sind die beiden Mengen **elementefremd** (vgl. 0.3).	$A = \{1, 3, 5, 7\}$, $B = \{2, 4, 6, 8\}$ $\Rightarrow A \cap B = \{\ \}$ 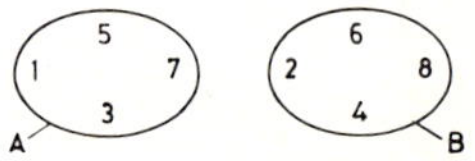
$A \cup B$	**Vereinigungsmenge** der Mengen A und B. Die Vereinigungsmenge zweier Mengen A und B enthält genau die Elemente, die in A oder in B oder in beiden enthalten sind. $A \cup B = \{x \mid x \in A \vee x \in B\}$	$A = \{1, 2, 3, 4, 5, 6\}$, $B = \{4, 5, 6, 7, 8, 9\}$ $\Rightarrow A \cup B = \{1, 2, 3, \ldots, 8, 9\}$ $C = \{2, 4, 6, 8\}$, $D = \{4, 8, 12, 16, 20\}$ $\Rightarrow C \cup D = \{2, 4, 6, 8, 12, 16, 20\}$
$A \setminus B$	**Differenzmenge** (Restmenge) zweier Mengen A und B. Sie enthält die Elemente, die in A, aber nicht in B enthalten sind. $A \setminus B = \{x \mid x \in A \wedge x \notin B\}$ Für $B \subset A$ gilt: $A \setminus B = B'$	$A = \{3, 6, 9, 12, 15, 18\}$ $B = \{6, 12, 18, 24, 30\}$ $\Rightarrow A \setminus B = \{3, 9, 15\}$ $M = \{l, a, t, e, r, n\}$ $N = \{e, r, n, t\}$ $\Rightarrow M \setminus N = \{l, a\}$

$A \times B$	**Produktmenge** der Mengen A und B Die Produktmenge der Mengen A und B enthält als Elemente genau die geordneten Paare $(x \mid y)$ mit $x \in A$ und $y \in B$. Die Gesamtheit dieser geordneten Paare wird auch **Paarmenge** genannt. $A \times B \neq B \times A$	$A = \{1, 2, 3\}, B = \{2, 4\}$ $\Rightarrow A \times B = \{(1 \mid 2), (1 \mid 4), (2 \mid 2), (2 \mid 4), (3 \mid 2), (3 \mid 4)\}$ aber: $B \times A = \{(2 \mid 1), (4 \mid 1), (2 \mid 2), (4 \mid 2), (2 \mid 3), (4 \mid 3)\}$ $(1 \mid 2) \neq (2 \mid 1)$ $(1 \mid 4) \neq (4 \mid 1)$ vgl. Darstellung im Koordinatensystem (Kap. 1.09)

0.5 Gesetze der Mengenalgebra

$A \cap A = A$	**Idempotenzgesetz** (für die Bildung der Schnittmenge) Die Durchschnittsmenge einer Menge mit sich ist die ursprüngliche Menge.	
$A \cap B = B \cap A$	**Kommutativgesetz** (für die Bildung der Schnittmenge) Zwei Mengen sind bei der Bildung der Durchschnittsmenge vertauschbar.	$A = \{3, 5, 7, 9\}, B = \{3, 6, 9, 12, 15\}$ $\Rightarrow A \cap B = B \cap A = \{3, 9\}$
$A \cap (B \cap C) = (A \cap B) \cap C$	**Assoziativgesetz** (für die Bildung der Schnittmenge)	$A = \{2, 4, 6, 8, 10, 12\}$ $B = \{6, 8, 10, 12, 14, 16, 18\}$ $C = \{3, 6, 9, 12, 15, 18\}$ $\Rightarrow B \cap C = \{6, 12, 18\}$ $A \cap (B \cap C) = \{6, 12\}$ $A \cap B = \{6, 8, 10, 12\}$ $(A \cap B) \cap C = \{6, 12\}$
$A \cup A = A$	**Idempotenzgesetz** (für die Bildung der Vereinigungsmenge) Die Vereinigungsmenge einer Menge mit sich selbst ist die ursprüngliche Menge.	
$A \cup B = B \cup A$	**Kommutativgesetz** (für die Bildung der Vereinigungsmenge) Zwei Mengen sind bei der Bildung der Vereinigungsmenge vertauschbar.	$R = \{a, b, c, d, e\}$ $S = \{a, d, e, l\}$ $\Rightarrow R \cup S = S \cup R = \{a, b, c, d, e, l\}$
$A \cup (B \cup C) = (A \cup B) \cup C$	**Assoziativgesetz** (für die Bildung der Vereinigungsmenge)	$U = \{u, l, m, e\}$ $V = \{v, i, e, l\}, W = \{w, e, l, t\}$ $\Rightarrow V \cup W = \{e, i, l, t, v, w\}$ $U \cup (V \cup W) = \{e, i, l, m, t, u, v, w\}$ $U \cup V = \{e, i, l, m, u, v\}$ $(U \cup V) \cup W = \{e, i, l, m, t, u, v, w\}$

$A \cup (B \cap C)$ $= (A \cup B) \cap (A \cup C)$	**Distributivgesetz** (I) Die Vereinigungsmenge einer Menge A mit der Schnittmenge $B \cap C$ zweier Mengen B und C ist gleich der Schnittmenge der Vereinigungsmengen $A \cup B$ und $A \cup C$.	$L = \{1, 2, 3, 4\}$ $M = \{2, 4, 6, 8, 10\}$ $N = \{3, 4, 5, 6, 7, 8\}$ $\Rightarrow M \cap N = \{4, 6, 8\}$ $L \cup (M \cap N) = \{1, 2, 3, 4, 6, 8\}$ $L \cup M = \{1, 2, 3, 4, 6, 8, 10\}$ $L \cup N = \{1, 2, 3, 4, 5, 6, 7, 8\}$ $(L \cup M) \cap (L \cup N) =$ $\{1, 2, 3, 4, 6, 8\}$
$A \cap (B \cup C) =$ $(A \cap B) \cup (A \cap C)$	**Distributivgesetz** (II) Die Schnittmenge einer Menge A mit der Vereinigungsmenge $B \cup C$ zweier Mengen B und C ist gleich der Vereinigungsmenge der Schnittmengen $A \cap B$ und $A \cap C$.	L, M, N wie oben $\Rightarrow M \cup N = \{2, 3, 4, 5, 6, 7, 8, 10\}$ $L \cap (M \cup N) = \{2, 3, 4\}$ $L \cap M = \{2, 4\}$, $L \cap N = \{3, 4\}$ $(L \cap M) \cup (L \cap N) = \{2, 3, 4\}$
$A \cup (A \cap B) = A$ $A \cap (A \cup B) = A$	**Absorptionsgesetze** Die Vereinigungsmenge (Schnittmenge) einer Menge A mit der Schnittmenge (Vereinigungsmenge) von A mit einer zweiten Menge B ist die ursprüngliche Menge A.	$D = \{4, 8, 12\}$, $E = \{3, 6, 9, 12\}$ $\Rightarrow D \cap E = \{12\}$, $D \cup (D \cap E) = \{4, 8, 12\} = D$ $D \cup E = \{3, 4, 6, 8, 9, 12\}$ $D \cap (D \cup E) = \{4, 8, 12\} = D$
$(A \cup B)' = A' \cap B'$ $(A \cap B)' = A' \cup B'$	**Gesetze von de Morgan** Die Komplementärmenge zu einer Vereinigungsmenge (Schnittmenge) zweier Mengen ist gleich der Schnittmenge (Vereinigungsmenge) der Komplementärmengen der ursprünglichen Mengen (bezüglich einer Grundmenge G).	$G = \{1, 2, 3, \ldots, 9, 10\}$ $A = \{2, 4, 6, 8, 10\}$, $B = \{3, 6, 9\}$ $\Rightarrow A \cup B = \{2, 3, 4, 6, 8, 9, 10\}$ $(A \cup B)' = \{1, 5, 7\}$ $A' = \{1, 3, 5, 7, 9\}$, $B' = \{1, 2, 4, 5, 7, 8, 10\}$ $A' \cap B' = \{1, 5, 7\}$ $A \cap B = \{6\}$, $(A \cap B)' =$ $\{1, 2, 3, 4, 5, 7, 8, 9, 10\}$ $A' \cup B' = \{1, 2, 3, 4, 5, 7, 8, 9, 10\}$
	A B $(A \cup B)'$: A B A': B': $A' \cap B'$:	A B $(A \cap B)'$: A B A': B': $A' \cup B'$:

0.6 Wichtige Zahlenmengen

$\mathbb{N}$	Menge der **natürlichen** Zahlen	$\mathbb{N} = \{1, 2, 3, 4, 5, 6, 7, 8, 9, 10$ $11, \ldots\}$
$\mathbb{N}_0$	Menge der natürlichen Zahlen einschließlich der Zahl 0 $(\mathbb{N}_0 = \mathbb{N} \cup \{0\})$	$\mathbb{N}_0 = \{0, 1, 2, 3, 4, 5, 6, 7, 8, 9, 10$ $11, \ldots\}$
$\mathbb{Z}$	Menge der **ganzen** Zahlen	$\mathbb{Z} = \{\ldots, -3, -2, -1, 0, 1, 2$ $3, 4, \ldots\}$

$\mathbb{Z}^-$	Menge der negativen ganzen Zahlen ($\mathbb{Z}^- = \mathbb{Z} \setminus \mathbb{N}_0$)	$\mathbb{Z}^- = \{-1, -2, -3, -4, -5, -6, \ldots\}$
$\mathbb{Z}^+$	Menge der positiven ganzen Zahlen.	$\mathbb{Z}^+ = \mathbb{N}$
$\mathbb{Q}$	Menge der **rationalen** Zahlen. Dies ist die Menge aller Zahlen, die sich als **Brüche** der Form $\frac{x}{y}$ ($y \neq 0$) darstellen lassen. Dabei werden jeweils sehr viele gleichwertige Brüche durch eine **Bruchzahl** repräsentiert (vgl. S. 16).	$\mathbb{Q} = \left\{\frac{x}{y} \,\middle\vert\, x, y \in \mathbb{Z} \wedge y \neq 0\right\}$ (z. B. -2, $-\frac{3}{4}$, $-\frac{5}{8}$, 1, $\frac{2}{3}$, $\frac{7}{9}$, $\frac{13}{7}$ etc.) $\frac{16}{32} = \frac{8}{16} = \frac{4}{8} = \frac{2}{4} = \frac{1}{2}$ $\frac{10}{15} = \frac{8}{12} = \frac{6}{9} = \frac{4}{6} = \frac{2}{3}$
$\mathbb{Q}^+$	Menge der positiven rationalen Zahlen	$\mathbb{Q}^+ = \{x \mid x \in \mathbb{Q} \wedge x > 0\}$
$\mathbb{Q}^-$	Menge der negativen rationalen Zahlen	$\mathbb{Q}^- = \{x \mid x \in \mathbb{Q} \wedge x < 0\}$
$\mathbb{R}$	Menge der **reellen** Zahlen Dies ist die Menge aller Zahlen, die sich als abbrechende oder nicht-abbrechende, periodische oder nicht-periodische Dezimalzahlen darstellen lassen. Eine nicht-rationale Zahl heißt **irrationale** Zahl.	Wurzeln, Logarithmen $\frac{3}{7} \in \mathbb{Q} \subset \mathbb{R}$ $0,\overline{3} = \frac{1}{3} \in \mathbb{Q} \subset \mathbb{R}$ $\sqrt{2} \in \mathbb{R} \setminus \mathbb{Q}$ $\sqrt{5} \in \mathbb{R} \setminus \mathbb{Q}$
$\mathbb{R}^+$, $\mathbb{R}^-$	Menge der positiven bzw. negativen reellen Zahlen	
$\mathbb{C}$	Menge der **komplexen** Zahlen Jede komplexe Zahl läßt sich als Summe einer reellen und einer **imaginären** Zahl darstellen. 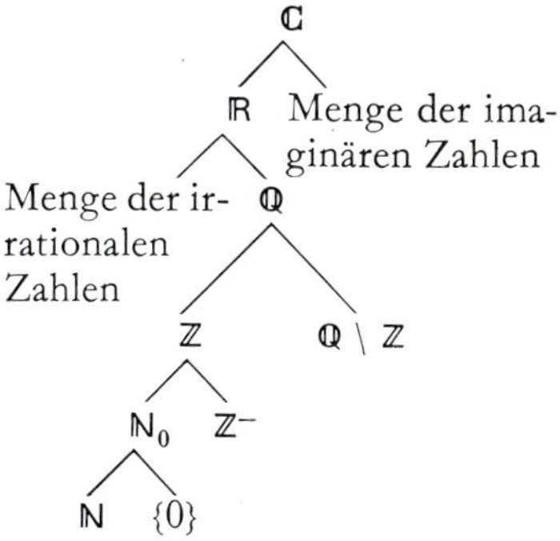 $\mathbb{C}$ $\mathbb{R}$ — Menge der imaginären Zahlen Menge der irrationalen Zahlen — $\mathbb{Q}$ $\mathbb{Z}$ — $\mathbb{Q} \setminus \mathbb{Z}$ $\mathbb{N}_0$ — $\mathbb{Z}^-$ $\mathbb{N}$ — $\{0\}$	$\mathbb{C} = \{x \mid x = a + bi \wedge a \in \mathbb{R} \wedge b \in \mathbb{R} \wedge i^2 = -1\}$ Eine komplexe Zahl mit $a = 0$ heißt imaginäre Zahl (vgl. Kap. 1.06.). 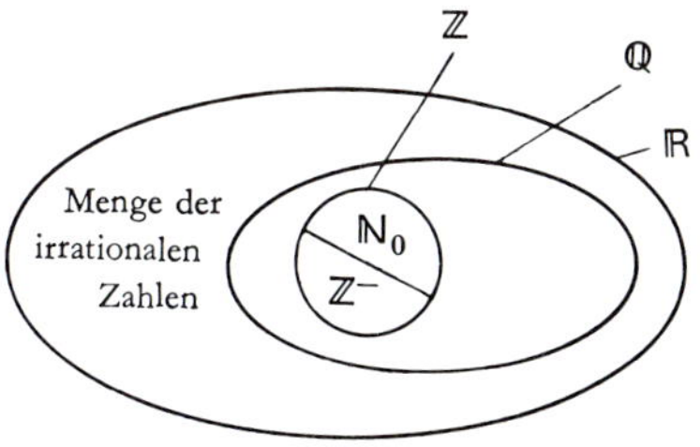 $\mathbb{Z}$ $\mathbb{Q}$ $\mathbb{R}$ Menge der irrationalen Zahlen $\mathbb{N}_0$ $\mathbb{Z}^-$
Primzahlen	Eine natürliche Zahl p heißt **Primzahl**, wenn $p \neq 1$ ist und wenn p nur durch 1 und sich selbst teilbar ist ($p \in \mathbb{N}$).	

0.7 Primzahlen, Primfaktoren, Teilbarkeitsregeln

Die Primzahlen zwischen 1 und 1000

2	41	97	157	227	283	367	439	509	599	661	751	829	919
3	43	**101**	163	229	293	373	443	521	**601**	673	757	839	929
5	47	103	167	233	**307**	379	449	523	607	677	761	853	937
7	53	107	173	239	311	383	457	541	613	683	769	857	941
11	59	109	179	241	313	389	461	547	617	691	773	859	947
13	61	113	181	251	317	397	463	557	619	**701**	787	863	953
17	67	127	191	257	331	**401**	467	563	631	709	797	877	967
19	71	131	193	263	337	409	479	569	641	719	**809**	881	971
23	73	137	197	269	347	419	487	571	643	727	811	883	977
29	79	139	199	271	349	421	491	577	647	733	821	887	983
31	83	149	**211**	277	353	431	499	587	653	739	823	**907**	991
37	89	151	223	281	359	433	**503**	593	659	743	827	911	997

Primfaktoren

der nicht durch 2, 3 oder 5 teilbaren Zahlen bis 1001

$49 = 7 \cdot 7$	$287 = 7 \cdot 41$	$437 = 19 \cdot 23$	$583 = 11 \cdot 53$	$737 = 11 \cdot 67$	$889 = 7 \cdot 127$
$77 = 7 \cdot 11$	$289 = 17 \cdot 17$	$451 = 11 \cdot 41$	$589 = 19 \cdot 31$	$749 = 7 \cdot 107$	$893 = 19 \cdot 47$
$91 = 7 \cdot 13$	$299 = 13 \cdot 23$	$469 = 7 \cdot 67$	$\mathbf{611} = 13 \cdot 47$	$763 = 7 \cdot 109$	$899 = 29 \cdot 31$
$119 = 7 \cdot 17$	$\mathbf{301} = 7 \cdot 43$	$473 = 11 \cdot 43$	$623 = 7 \cdot 89$	$767 = 13 \cdot 59$	$\mathbf{901} = 17 \cdot 53$
$121 = 11 \cdot 11$	$319 = 11 \cdot 29$	$481 = 13 \cdot 37$	$629 = 17 \cdot 37$	$779 = 19 \cdot 41$	$913 = 11 \cdot 83$
$133 = 7 \cdot 19$	$323 = 17 \cdot 19$	$493 = 17 \cdot 29$	$637 = 7 \cdot 7 \cdot 13$	$781 = 11 \cdot 71$	$917 = 7 \cdot 131$
$143 = 11 \cdot 13$	$329 = 7 \cdot 47$	$497 = 7 \cdot 71$	$649 = 11 \cdot 59$	$791 = 7 \cdot 113$	$923 = 13 \cdot 71$
$161 = 7 \cdot 23$	$341 = 11 \cdot 31$	$\mathbf{511} = 7 \cdot 73$	$667 = 23 \cdot 29$	$793 = 13 \cdot 61$	$931 = 7 \cdot 7 \cdot 19$
$169 = 13 \cdot 13$	$343 = 7 \cdot 7 \cdot 7$	$517 = 11 \cdot 47$	$671 = 11 \cdot 61$	$799 = 17 \cdot 47$	$943 = 23 \cdot 41$
$187 = 11 \cdot 17$	$361 = 19 \cdot 19$	$527 = 17 \cdot 31$	$679 = 7 \cdot 97$	$\mathbf{803} = 11 \cdot 73$	$949 = 13 \cdot 73$
$\mathbf{203} = 7 \cdot 29$	$371 = 7 \cdot 53$	$529 = 23 \cdot 23$	$689 = 13 \cdot 53$	$817 = 19 \cdot 43$	$959 = 7 \cdot 137$
$209 = 11 \cdot 19$	$377 = 13 \cdot 29$	$533 = 13 \cdot 41$	$697 = 17 \cdot 41$	$833 = 7 \cdot 7 \cdot 17$	$961 = 31 \cdot 31$
$217 = 7 \cdot 31$	$391 = 17 \cdot 23$	$539 = 7 \cdot 7 \cdot 11$	$\mathbf{703} = 19 \cdot 37$	$841 = 29 \cdot 29$	$973 = 7 \cdot 139$
$221 = 13 \cdot 17$	$\mathbf{403} = 13 \cdot 31$	$551 = 19 \cdot 29$	$707 = 7 \cdot 101$	$847 = 7 \cdot 11 \cdot 11$	$979 = 11 \cdot 89$
$247 = 13 \cdot 19$	$407 = 11 \cdot 37$	$553 = 7 \cdot 79$	$713 = 23 \cdot 31$	$851 = 23 \cdot 37$	$989 = 23 \cdot 43$
$253 = 11 \cdot 23$	$413 = 7 \cdot 59$	$559 = 13 \cdot 43$	$721 = 7 \cdot 103$	$869 = 11 \cdot 79$	$\mathbf{1001} = 7 \cdot 11 \cdot 13$
$259 = 7 \cdot 37$	$427 = 7 \cdot 61$	$581 = 7 \cdot 83$	$731 = 17 \cdot 43$	$871 = 13 \cdot 67$	

Teilbarkeitsregeln

Teiler	Regel	Beispiel
2	Eine Zahl ist durch 2 teilbar, wenn ihre letzte Ziffer eine durch 2 teilbare Zahl ist.	356 — da 6 durch 2 teilbar ist.
3	Eine Zahl ist durch 3 teilbar, wenn ihre Quersumme durch 3 teilbar ist.	1296 — da die Quersumme 18 ist.
4	Eine Zahl ist durch 4 teilbar, wenn ihre letzten zwei Ziffern eine durch 4 teilbare Zahl sind.	65536 — da 36 durch 4 teilbar ist.
5	Eine Zahl ist durch 5 teilbar, wenn ihre letzte Ziffer eine 0 oder eine 5 ist.	625; 1970;
6	Eine Zahl ist durch 6 teilbar, wenn sie durch 2 **und** durch 3 teilbar ist.	33216 — da die Quersumme 15 ist und 6 durch 2 teilbar ist.
7	Hier ist es einfacher, eine Probeteilung durchzuführen als die Teilbarkeitsregel anzuwenden.	
8	Eine Zahl ist durch 8 teilbar, wenn ihre letzten drei Ziffern eine durch 8 teilbare Zahl sind.	5328; 19456
9	Eine Zahl ist durch 9 teilbar, wenn ihre Quersumme durch 9 teilbar ist.	1215 — da die Quersumme 9 ist.

1. Rechnen und Algebra

1.01 Gesetze der Anordnung und Grundgesetze

$a = b, b = c$ $\Rightarrow a = c$	**Transitivitätsgesetze** Sind zwei Zahlen (Größen) einer dritten gleich, so sind sie auch untereinander gleich.	$3 \cdot 8 = 24, 24 = 4 \cdot 6$ $\Rightarrow 3 \cdot 8 = 4 \cdot 6$ $3x + 2 = 8, 8 = 4x$ $\Rightarrow 3x + 2 = 4x$
$a < b, b < c$ $\Rightarrow a < c$ $a > b, b > c$ $\Rightarrow a > c$	Ist eine Zahl (Größe) kleiner als eine zweite, diese wiederum kleiner als eine dritte, so ist die erste kleiner als die dritte. Analoges gilt für die Relation „ist größer als".	$3 < 5, 5 < 8$ $\Rightarrow 3 < 8$ $2x < x + 4, x + 4 < 8$ $\Rightarrow 2x < 8$ $5 > 2, 2 > 0 \Rightarrow 5 > 0$
$a < b \Leftrightarrow -a > -b$ $a > b \Leftrightarrow -a < -b$	**Inversionsgesetze** Ist eine Zahl (Größe) kleiner bzw. größer als eine zweite, so ist die Gegenzahl (Größe) größer bzw. kleiner als die entsprechende Gegenzahl der zweiten Zahl (Größe, Term).	$3 < 4 \Leftrightarrow -3 > -4$ $5 < 7 \Leftrightarrow -5 > -7$ $x < 5 \Leftrightarrow -x > -5$ $4 > 1 \Leftrightarrow -4 < -1$ $-1 > -4 \Leftrightarrow 1 < 4$ $2x > 5 \Leftrightarrow -2x < -5$
$a < b \ (a > 0)$ $\Leftrightarrow \frac{1}{a} > \frac{1}{b}$ $a > b \ (b > 0)$ $\Leftrightarrow \frac{1}{a} < \frac{1}{b}$	Ist eine positive Zahl (Größe) kleiner bzw. größer als eine zweite, so ist der Kehrwert (reziproker Wert) größer bzw. kleiner als der Kehrwert der zweiten.	$7 < 9 \Leftrightarrow \frac{1}{7} > \frac{1}{9}$ $15 < 20 \Leftrightarrow \frac{1}{15} > \frac{1}{20}$ $3 > 2 \Leftrightarrow \frac{1}{3} < \frac{1}{2}$ $18 > 11 \Leftrightarrow \frac{1}{18} < \frac{1}{11}$ $5y > y + 5 \Leftrightarrow \frac{1}{5y} < \frac{1}{y + 5} \ (y > -5)$ $2x < x + 4 \Leftrightarrow \frac{1}{2x} > \frac{1}{x+4} \ (x > 0)$
$a \leqq b$ $\Rightarrow a + c \leqq b + c$ $a > b$ $\Rightarrow a + c > b + c$	**Monotoniegesetze der Addition** Ist eine Zahl (Größe) kleiner, gleich oder größer als eine zweite, so bleibt die Relation bei Addition einer dritten Zahl zu beiden erhalten.	$4 < 7 \Rightarrow 4 + 3 < 7 + 3$ $\Rightarrow 7 < 10$ $3 < 5 \Rightarrow 3 - 2 < 5 - 2$ $\Rightarrow 1 < 3$ $6 > 2 \Rightarrow 6 + 4 > 2 + 4$ $\Rightarrow 10 > 6$ $2x < x + 4 \Rightarrow 2x + 1 < x + 5$ $3x = 4x - 3 \Rightarrow 3x + 3 = 4x$ $x - 1 > 3 \Rightarrow x - 4 > 0$
$a \leqq b, \ c > 0$ $\Rightarrow a \cdot c \leqq b \cdot c$ $a > b, \ c > 0$ $\Rightarrow a \cdot c > b \cdot c$	**Monotoniegesetze der Multiplikation:** Ist eine Zahl (Größe) kleiner, gleich oder größer als eine zweite, so bleibt die Relation bei Multiplikation beider mit einer positiven Zahl (Größe) erhalten.	$5 < 6 \Rightarrow 5 \cdot 3 < 6 \cdot 3$ $\Rightarrow 15 < 18$ $x < 5 \Rightarrow 4x < 4 \cdot 5$ $\Rightarrow 4x < 20$ $2x = 7 \Rightarrow 10\,x = 5 \cdot 7$ $\Rightarrow 10x = 35$ $11 > 9 \Rightarrow 11 \cdot 2 > 9 \cdot 2$ $\Rightarrow 22 > 18$ $3x > 6 \Rightarrow 3x \cdot \frac{1}{3} > 6 \cdot \frac{1}{3}$ $\Rightarrow x > 2$

$a < b,\ c < 0$ **$\Rightarrow a \cdot c > b \cdot c$** **$a > b,\ c < 0$** **$\Rightarrow a \cdot c < b \cdot c$**	**Inversionsgesetz** Bei Multiplikation mit einer negativen Zahl (Größe) ändert sich die Relation.	$5 < 6 \Rightarrow 5 \cdot (-3) > 6 \cdot (-3)$ $\Rightarrow -15 > -18$ $-2x < -2 \Rightarrow$ $(-2x) \cdot (-\frac{1}{2}) > (-2) \cdot (-\frac{1}{2}) \Rightarrow x > 1$
$a \cdot 0 = 0$ **$a \cdot 1 = a$**	Bei der Multiplikation mit der Zahl 0 ergibt sich stets als Produkt die Zahl 0. Bei der Multiplikation mit 1 bleibt jede Zahl unverändert.	
$a + b = b + a$ **$a \cdot b = b \cdot a$**	**Kommutativgesetze** Bei der Addition dürfen Summanden vertauscht werden. Ebenso dürfen bei der Multiplikation die Faktoren vertauscht werden.	$3 + 5 = 5 + 3 = 8$ $7 + 4 = 4 + 7 = 11$ $4 \cdot 3 = 3 \cdot 4 = 12$ $2 \cdot 5 = 5 \cdot 2 = 10$
$a + (b + c)$ **$= (a + b) + c$** **$a \cdot (b \cdot c)$** **$= (a \cdot b) \cdot c$**	**Assoziativgesetze** Bei der Addition dürfen Teilsummen in beliebiger Reihenfolge gebildet werden. Ebenso dürfen bei der Multiplikation Teilprodukte in beliebiger Reihenfolge gebildet werden.	$3 + (4 + 5) = 3 + 9 = 12$ $(3 + 4) + 5 = 7 + 5 = 12$ $4 \cdot (2 \cdot 5) = 4 \cdot 10 = 40$ $(4 \cdot 2) \cdot 5 = 8 \cdot 5 = 40$
$a \cdot (b + c)$ **$= a \cdot b + a \cdot c$** **$(a + b) \cdot c$** **$= a \cdot c + b \cdot c$** **$a \cdot (b - c)$** **$= a \cdot b - a \cdot c$** **$(a - b) \cdot c$** **$= a \cdot c - b \cdot c$**	**Distributivgesetz** Eine Summe wird mit einem Faktor multipliziert, indem jeder Summand einzeln multipliziert wird. Das Distributivgesetz gilt auch für die Multiplikation einer Differenz.	$3 \cdot (2 + 5) = 3 \cdot 7 = 21$ $3 \cdot (2 + 5) = 3 \cdot 2 + 3 \cdot 5$ $= 6 + 15 = 21$ $(11 + 9) \cdot 7 = 7 \cdot (11 + 9)$ $= 7 \cdot 20 = 140$ $(11 + 9) \cdot 7 = 7 \cdot (11 + 9)$ $= 7 \cdot 11 + 7 \cdot 9 = 77 + 63 = 140$ $5 \cdot (8 - 3) = 5 \cdot 5 = 25$ $5 \cdot 8 - 5 \cdot 3 = 40 - 15 = 25$ $5 \cdot (3 - 8) = 5 \cdot (-5) = -25$ $5 \cdot 3 - 5 \cdot 8 = 15 - 40 = -25$

1.02 Rechnen mit ganzen Zahlen

$(+a), (-a)$	**Gegenzahlen** oder **inverse** Zahlen bezüglich der Addition. Es gilt $(+a) + (-a) = 0$	$(+5) + (-5) = 0$ $(+2) + (-2) = 0$ $(-3) + (+3) = 0$
$\vert a \vert$	Zwei Gegenzahlen haben den gleichen **absoluten Betrag** (kurz: Betrag). Der Betrag einer Zahl wird nur durch die Ziffern gekennzeichnet, ohne die Vorzeichen zu beachten. $\vert a \vert = \begin{cases} a, \text{ wenn } a > 0 \\ 0, \text{ wenn } a = 0 \\ -a, \text{ wenn } a < 0 \end{cases}$	$\vert +5 \vert = 5,\ \vert -7 \vert = 7,$ $\vert -3 \vert = -(-3) = 3$ $\vert +155 \vert = 155$ $\vert -211 \vert = -(-211) = 211$

$(+a) + (+b)$ $= +(a + b)$ $(-a) + (-b)$ $= -(a + b)$	**Addition** Haben zwei ganze Zahlen gleiche Vorzeichen, so hat ihre Summe dasselbe Vorzeichen wie die beiden Summanden.	$(+3) + (+5) = +(3 + 5) = +8$ $(-4) + (-3) = -(4 + 3) = -7$
$a + 0 = a$	Die Zahl 0 ist das **neutrale Element** bezüglich der Addition, d. h. jede Zahl bleibt bei der Addition mit 0 unverändert.	$(+5) + 0 = +5$ $(-5) + 0 = -5$
$(+a) + (-b)$ $= +(a - b)$ $= -(b - a)$	Haben zwei ganze Zahlen ungleiche Vorzeichen, so hat die Summe das Vorzeichen des Summanden mit dem größten Betrag.	$(+8) + (-7) = +(8 - 7) = +1$ $(-4) + (+6) = (+6) + (-4)$ $= +(6 - 4) = +2$ $(+5) + (-8) = -(8 - 5) = -3$
$(+a) + (-a) = 0$	Haben zwei ganze Zahlen verschiedene Vorzeichen und den gleichen Betrag, ergibt sich als Summe die Zahl 0.	$(+6) + (-6) = 0$ $(-3) + (+3) = 0$
$(+a) - (+b)$ $= (+a) + (-b)$ $(-a) - (+b)$ $= (-a) + (-b)$ $(+a) - (-b)$ $= (+a) + (+b)$ $(-a) - (-b)$ $= (-a) + (+b)$	**Subtraktion** Bei der Subtraktion ganzer Zahlen werden die Gegenzahlen addiert.	$(+3) - (+2) = (+3) + (-2)$ $= +(3 - 2) = +1$ $(-3) - (+2) = (-3) + (-2) = -5$ $(+3) - (-2) = (+3) + (+2) = +5$ $(-3) - (-2) = (-3) + (+2)$ $= (+2) + (-3)$ $= -(3 - 2) = -1$
$(+) \cdot (+) = (+)$ $(-) \cdot (-) = (+)$ $(+) \cdot (-) = (-)$ $(-) \cdot (+) = (-)$ $(+) : (+) = (+)$ $(-) : (-) = (+)$ $(+) : (-) = (-)$ $(-) : (+) = (-)$	**Multiplikation und Division** Haben zwei ganze Zahlen gleiche Vorzeichen, so ist ihr Produkt bzw. ihr Quotient positiv. Bei verschiedenen Vorzeichen zweier Zahlen ist das Produkt bzw. der Quotient negativ.	$(+3) \cdot (+5) = +15$ $(-3) \cdot (-5) = +15$ $(+3) \cdot (-5) = -15$ $(-3) \cdot (+5) = -15$ $(+15) : (+5) = +3$ $(-15) : (-5) = +3$ $(+15) : (-5) = -3$ $(-15) : (+5) = -3$
$(+a) \cdot 0 = 0$ $(-a) \cdot 0 = 0$	Bei der Multiplikation einer ganzen Zahl mit 0 ergibt sich als Produkt die Zahl 0.	$(+3) \cdot 0 = 0$ $(-5) \cdot 0 = 0$
$0 : (+a) = 0$ $0 : (-a) = 0$ $: 0$	Wird die Zahl 0 durch eine ganze Zahl dividiert, ergibt sich als Quotient die Zahl 0. Die Division durch 0 ist nicht möglich.	$0 : (+3) = 0$ $0 : (-5) = 0$

1.03 Rechnen mit rationalen Zahlen

$a, \frac{1}{a}$ $\frac{a}{b}, \frac{b}{a} \quad (a, b \neq 0)$	**Reziproke Zahlen** (Kehrwerte) oder **inverse** Zahlen bezüglich der Multiplikation. Es gilt $a \cdot \frac{1}{a} = 1$, $\frac{a}{b} \cdot \frac{b}{a} = 1$	$4 \cdot \frac{1}{4} = 1$ $(-5) \cdot (-\frac{1}{5}) = 1$ $\frac{1}{7} \cdot 7 = 1$ $\frac{2}{3} \cdot \frac{3}{2} = 1$
$\frac{a}{b} = \frac{a \cdot c}{b \cdot c}$ $(b, c \neq 0)$	**Erweitern und Kürzen** Eine Bruchzahl wird erweitert oder gekürzt, indem Zähler und Nenner mit derselben Zahl ($\neq 0$) multipliziert oder durch dieselbe Zahl dividiert werden. Dabei bleibt der Wert unverändert und stellt dieselbe Bruchzahl dar.	$\frac{2}{3} = \frac{2 \cdot 5}{3 \cdot 5} = \frac{10}{15}$ $\frac{3}{4} = \frac{3 \cdot 25}{4 \cdot 25} = \frac{75}{100}$ $\frac{60}{100} = \frac{3 \cdot 20}{5 \cdot 20} = \frac{3}{5}$ $\frac{35}{70} = \frac{1 \cdot 35}{2 \cdot 35} = \frac{1}{2}$
$\frac{a}{a} = 1 \quad (a \neq 0)$	Sind Zähler und Nenner eines Bruches gleich, hat die Bruchzahl den Wert 1.	$\frac{5}{5} = 1$ $\frac{-8}{-8} = 1$
$\frac{a}{b} \pm \frac{c}{d}$ $= \frac{a \cdot d \pm b \cdot c}{b \cdot d}$ $(b, d \neq 0)$	**Addition und Subtraktion** Brüche werden addiert oder subtrahiert, indem sie zunächst auf einen gemeinsamen Nenner (Hauptnenner) erweitert und dann die Zähler bei Beibehaltung des gemeinsamen Nenners addiert oder subtrahiert werden.	$\frac{2}{3} + \frac{3}{4} = \frac{2 \cdot 4 + 3 \cdot 3}{12} = \frac{17}{12} = 1\frac{5}{12}$ $\frac{4}{5} - \frac{2}{3} = \frac{4 \cdot 3 - 2 \cdot 5}{15} = \frac{2}{15}$ $\frac{3}{8} + \frac{1}{6} = \frac{3 \cdot 3 + 1 \cdot 4}{24} = \frac{13}{24}$
$\frac{a}{b} \cdot \frac{c}{d} = \frac{a \cdot c}{b \cdot d}$ $(b, d \neq 0)$	**Multiplikation** Brüche werden multipliziert, indem die Zähler und die Nenner miteinander multipliziert werden.	$\frac{2}{3} \cdot \frac{3}{4} = \frac{2 \cdot 3}{3 \cdot 4} = \frac{2}{4} = \frac{1}{2}$ $1\frac{4}{7} \cdot \frac{7}{11} = \frac{11 \cdot 7}{7 \cdot 11} = 1$ $\frac{3}{5} \cdot \frac{4}{9} \cdot \frac{11}{12} = \frac{3 \cdot 4 \cdot 11}{5 \cdot 9 \cdot 12} = \frac{11}{45}$
$\frac{a}{b} \cdot 1 = \frac{a}{b}$ $(b \neq 0)$	Bei der Multiplikation eines Bruches mit 1 bleibt die Bruchzahl unverändert, d. h., die Zahl 1 ist das **neutrale Element** bezüglich der Multiplikation.	$\frac{2}{3} \cdot 1 = \frac{2}{3}$ $\frac{4}{5} \cdot 1 = \frac{4}{5}$
$\frac{a}{b} : \frac{c}{d} = \frac{a \cdot d}{b \cdot c}$ $(b, c, d \neq 0)$	**Division** Durch einen Bruch wird dividiert, indem mit der reziproken Zahl (Kehrwert) multipliziert wird.	$5 : \frac{2}{3} = \frac{5 \cdot 3}{2} = \frac{15}{2} = 7\frac{1}{2}$ $8 : 1\frac{1}{3} = \frac{8 \cdot 3}{4} = 6$ $\frac{4}{7} : \frac{2}{5} = \frac{4 \cdot 5}{7 \cdot 2} = \frac{10}{7} = 1\frac{3}{7}$
$\frac{a}{b} : 1 = \frac{a}{b}$ $\frac{a}{b} : \frac{a}{b} = 1$ $(b \neq 0)$	Bei der Division eines Bruches durch 1 bleibt die Bruchzahl unverändert. Die Division zweier gleicher Brüche ergibt die Zahl 1 (neutrales Element bezüglich der Multiplikation).	$\frac{5}{8} : 1 = \frac{5}{8}$ $\frac{2}{3} : \frac{2}{3} = \frac{2}{3} \cdot \frac{3}{2} = 1$ $\frac{4}{5} : \frac{4}{5} = \frac{4}{5} \cdot \frac{5}{4} = 1$

$\frac{3}{10} = 0{,}3$ $\frac{3}{100} = 0{,}03$ $\frac{3}{1000} = 0{,}003$	**Dezimalzahlen** (Dezimalbrüche) Brüche mit Stufenzahlen als Nenner können als Dezimalzahlen geschrieben werden (und umgekehrt), wobei die erste Stelle hinter dem Komma Zehntel, die zweite Hundertstel, die dritte Tausendstel etc. repräsentieren.	$\frac{5}{10} = 0{,}5$ $\frac{17}{100} = \frac{1}{10} + \frac{7}{100} = 0{,}17$ $\frac{243}{1000} = \frac{2}{10} + \frac{4}{100} + \frac{3}{1000} = 0{,}243$ $0{,}7 = \frac{7}{10}$ $0{,}83 = \frac{8}{10} + \frac{3}{100} = \frac{83}{100}$ $0{,}409 = \frac{4}{10} + \frac{9}{1000} = \frac{409}{1000}$
0,1 = 0,1000 **0,2 = 0,2000**	Dezimalzahlen können nur mit Stufenzahlen erweitert oder gekürzt werden; dieses äußert sich durch Anhängen oder Weglassen der entsprechenden Zahl von Nullen hinter der letzten Ziffer.	$0{,}5 = \frac{5}{10} = \frac{500}{1000} = 0{,}500$ $0{,}04 = \frac{4}{100} = \frac{40}{1000} = 0{,}040$ $0{,}70 = \frac{70}{100} = \frac{7}{10} = 0{,}7$ $0{,}3000 = \frac{3000}{10000} = \frac{3}{10} = 0{,}3$
$\frac{1}{2} = 0{,}5$ $\frac{3}{4} = 0{,}75$ $\frac{5}{8} = 0{,}625$	Brüche können durch Erweitern auf eine Stufenzahl als Nenner in eine Dezimalzahl überführt werden, wenn die Nenner nur die Primfaktoren 2 oder 5 oder beide enthalten.	$\frac{5}{16} = \frac{3125}{10000} = 0{,}3125$ $\frac{7}{20} = \frac{35}{100} = 0{,}35$ $\frac{17}{25} = \frac{68}{100} = 0{,}68$ $\frac{3}{40} = \frac{75}{1000} = 0{,}075$
$0{,}2 = \frac{1}{5}$ $0{,}25 = \frac{1}{4}$ $0{,}125 = \frac{1}{8}$	Umgekehrt können endliche Dezimalzahlen als Brüche geschrieben (s. o.) und dann gekürzt werden.	$0{,}125 = \frac{125}{1000} = \frac{1}{8}$ $0{,}35 = \frac{35}{100} = \frac{7}{20}$ $0{,}088 = \frac{88}{1000} = \frac{11}{125}$
$= 0{,}\overline{3}$ $= 0{,}1\overline{6}$ $= 0{,}\overline{142857}$	Ist die Erweiterung auf eine Stufenzahl als Nenner nicht möglich, ergibt sich durch Division des Zählers durch den Nenner eine **periodische Dezimalzahl.** Die Ziffernfolge hinter dem Komma, die sich dabei ständig wiederholt, nennt man **Periode.**	$\frac{2}{9} = 2 : 9 = 0{,}222\ldots = 0{,}\overline{2}$ $\frac{5}{22} = 5 : 22 = 0{,}2272727\ldots = 0{,}2\overline{27}$ $\frac{7}{13} = 7 : 13 = 0{,}538461538461\ldots$ $= 0{,}\overline{538461}$
ein-periodische Dezimalzahlen	Solche Dezimalzahlen entstehen, wenn die Nenner nicht die Primfaktoren 2 oder 5 enthalten.	$\frac{5}{11} = 5 : 11 = 0{,}\overline{45}$ $\frac{44}{111} = 44 : 111 = 0{,}\overline{396}$
gemischt-periodische Dezimalzahlen	Diese entstehen, wenn die Nenner neben den Primfaktoren 2 oder 5 noch andere Primfaktoren enthalten.	$\frac{19}{150} = 19 : 150 = 0{,}12\overline{6}$ $\frac{5}{54} = 5 : 54 = 0{,}0\overline{925}$ $\frac{7}{225} = 7 : 225 = 0{,}03\overline{1}$
Addition und Subtraktion	Die Addition und Subtraktion endlicher Dezimalzahlen erfolgt analog der Addition und Subtraktion der natürlichen Zahlen, wobei der Stellenwert der einzelnen Ziffern zu beachten ist.	$3{,}4 + 2{,}05 = 5{,}45$ $7{,}42 + 1{,}897 = 9{,}317$ $8{,}2 - 4{,}78 = 3{,}42$ $5{,}63 - 2{,}085 = 3{,}545$
Multiplikation	Die Multiplikation endlicher Dezimalzahlen erfolgt analog der Mul-	$0{,}5 \cdot 0{,}5 = 0{,}25$ $0{,}8 \cdot 0{,}25 = 0{,}200 = 0{,}2$

	tiplikation bei natürlichen Zahlen, wobei das Produkt genau so viele Stellen hinter dem Komma aufweist wie die Faktoren zusammen.	$2{,}5 \cdot 1{,}2 = 3{,}00 = 3$ $3{,}4 \cdot 2{,}31 = 7{,}854$
Division	Bei der Division endlicher Dezimalzahlen erfolgt eine Erweiterung, bis der Divisor eine natürliche Zahl ist. Dann wird während der Division beim Überschreiten des Kommas vom Dividenden im Ergebnis das Komma gesetzt.	$2{,}5 : 0{,}25 = 250 : 25 = 10$ $3{,}2 : 0{,}25 = 320 : 25 = 12{,}8$ $6{,}84 : 0{,}3 = 68{,}4 : 3 = 22{,}8$ $0{,}01015 : 0{,}35 = 1{,}015 : 35 = 0{,}029$

1.04 Verhältnisrechnung, Prozent- und Zinsrechnung

$\mathbf{a : b = \frac{a}{b}\ (b \neq 0)}$	**Verhältnis** zweier Zahlen oder Größen	$2 : 3 = \frac{2}{3}$ $4\text{ m} : 7\text{ m} = \frac{4\text{ m}}{7\text{ m}} = \frac{4}{7}$
$\mathbf{a : b = c : d}$ $\mathbf{\Leftrightarrow a \cdot d = b \cdot c}$ $\mathbf{(b, d \neq 0)}$	**Verhältnisgleichung** Sie wird umgeformt, indem das Produkt der Außenglieder gleich dem Produkt der Innenglieder gesetzt wird.	$x : 3 = 5 : 9$ $\Leftrightarrow 9 \cdot x = 3 \cdot 5$ $\Leftrightarrow x = \frac{15}{9} = 1\frac{2}{3}$
$\mathbf{\frac{a_1}{b_1} = \frac{a_2}{b_2} = \frac{a_3}{b_3}}$ $\mathbf{= \ldots = \frac{a_n}{b_n}}$	**Verhältniskette** oder direkte Proportionalität $a \sim b$. Sie ist in vielen Wertetabellen zu finden (vgl. Kap. 1.09.).	Anzahl: 2, 3, 4, 5, 6 Preis (Pfg.): 60, 90, 120, 150, 180
$\mathbf{x\,\% = \frac{x}{100}}$	**Prozent** bedeutet Hundertstel.	$5\% = \frac{5}{100} = \frac{1}{20}$ $20\% = \frac{20}{100} = \frac{1}{5}$ $12\frac{1}{2}\% = \frac{12{,}5}{100} = \frac{1}{8}$
p **P** **G**	**Prozentsatz** **Prozentwert** **Grundwert**	
$\mathbf{\frac{p}{100} = \frac{P}{G}}$	$\text{Prozentsatz} = \frac{\text{Prozentwert}}{\text{Grundwert}} \cdot 100$	Von 30 Schülern haben 5 Schüle[r] in Mathematik die Note „mangel[haft]“. $\frac{p}{100} = \frac{5}{30} \Leftrightarrow 30 \cdot p = 500$ $\Leftrightarrow p = \frac{500}{30} = 16\frac{2}{3}(\%)$
$\mathbf{P = \frac{p \cdot G}{100}}$	Prozentwert = $\text{Prozentsatz} \cdot \text{Grundwert} \cdot \frac{1}{100}$	Von 450 Schülern sind 6% krank. $P = \frac{6 \cdot 450}{100} = 27$ (Schüler)

$G = \frac{100 \cdot P}{p}$	$\text{Grundwert} = \frac{\text{Prozentwert}}{\text{Prozentsatz}} \cdot 100$	Aus einer Klasse bekommen 5 Schüler eine Ehrenurkunde im Sport. Das sind 12,5%. $G = \frac{100 \cdot 5}{12{,}5} = 40$ (Schüler)
$z = \frac{k \cdot j \cdot p}{100}$	**Zinsformel** zur Berechnung der Zinsen bei einem Kapital k, einem Zinssatz p und einer Laufzeit von j Jahren	Ein Kapital von 6000,— DM bringt bei einem Zinssatz von 5,5% in $\frac{1}{2}$ Jahr an Zinsen: $z = \frac{6000 \cdot 0{,}5 \cdot 5{,}5}{100} = 165$ (DM)
$z = \frac{k \cdot t \cdot p}{100 \cdot 360}$	**Tageszinsen** (Hier wird die Zeit t in Tagen eingesetzt.)	Ein Kapital von 6750 DM bringt bei einem Zinssatz von 5% in 215 Tagen an Zinsen: $z = \frac{6750 \cdot 215 \cdot 5}{100 \cdot 360} = 201{,}56$ (DM)
$k = \frac{100 \cdot z}{p \cdot j}$	Berechnung des **Kapitals**	Bei einem Zinssatz von 5% bringt ein Kapital in einem Jahr 400 DM Zinsen. $k = \frac{100 \cdot 400}{5 \cdot 1} = 8000$,— (DM)
$p = \frac{100 \cdot z}{k \cdot j}$	Berechnung des **Zinssatzes**	Ein Kapital von 8000,— DM soll in $\frac{1}{2}$ Jahr 300 DM Zinsen einbringen. $p = \frac{100 \cdot 300}{8000 \cdot 0{,}5} = \frac{30}{4} = 7{,}5$(%)
$j = \frac{100 \cdot z}{k \cdot p}$	Berechnung der **Zeit**	In welcher Zeit erwirtschaftet das Kapital von 8000,— DM bei einem Zinssatz von 6% 360 DM Zinsen? $j = \frac{100 \cdot 360}{8000 \cdot 6} = \frac{36}{48} = \frac{3}{4}$ (Jahr)

1.05 Termumformungen

$a \cdot (b \pm c) = ab \pm ac$ $(a \pm b) \cdot c = ac \pm bc$	Anwendungen des Distributivgesetzes (vgl. 1.01.) Eine Summe wird mit einem Faktor multipliziert, indem jeder Summand multipliziert wird.	$3 \cdot (x + 5) = 3x + 15$ $(3x - 2) \cdot 4 = 12x - 8$
$(a + b)(c + d) = ac + bc + ad + bd$	Zwei Summen werden miteinander multipliziert, indem jeder Summand der 1. Summe mit jedem Summanden der 2. Summe multipliziert wird.	$(x + 5)(2 - x) = 2x + 10 - x^2 - 5x$ $(3x + 2)(1 + y) = 3x + 2 + 3xy + 2y$ $(4u - 1)(v - 2) = 4uv - v - 8u + 2$
$(a + b)^2 = a^2 + 2ab + b^2$	**1. Binomische Formel**	$(x + 2)^2 = x^2 + 4x + 4$ $31^2 = (30 + 1)^2 = 900 + 60 + 1 = 961$

$(a-b)^2$ $= a^2 - 2ab + b^2$	**2. Binomische Formel**	$(y-3)^2 = y^2 - 6y + 9$ $29^2 = (30-1)^2 = 900 - 60 + 1$ $= 841$
$(a+b)(a-b)$ $= a^2 - b^2$	**3. Binomische Formel**	$(x+3)(x-3) = x^2 - 9$ $31 \cdot 29 = (30+1)(30-1)$ $= 900 - 1 = 899$
$(a \pm b)^3$ $= a^3 \pm 3a^2b$ $+ 3ab^2 \pm b^3$	Binomische Formeln 3. Ordnung.	$(2x-3)^3 = (2x)^3 - 3 \cdot (2x)^2 \cdot 3$ $+ 3 \cdot 2x \cdot 3^2 - (3^3)$ $= 8x^3 - 36x^2 + 54x - 27$
$(a \pm b)^n$ **Pascalsches Dreieck**	Binomische Formeln höherer Ordnung In allen Fällen ergeben sich die Koeffizienten wie folgt (vgl. 3.1): n=0 1 n=1 1 1 n=2 1 2 1 n=3 1 3 3 1 n=4 1 4 6 4 1 n=5 1 5 10 10 5 1 n=6 1 6 15 20 15 6 1	$(2x-1)^4 = (2x)^4 - 4(2x)^3 \cdot 1 + 6$ $\cdot (2x)^2 \cdot 1^2 - 4 \cdot 2x \cdot 1^3$ $+ 1^4$ $= 16x^4 - 32x^3 + 24x^2$ $- 8x + 1$ $(\frac{1}{3}x + \frac{1}{2})^3 = (\frac{1}{3}x)^3 + 3 \cdot (\frac{1}{3}x)^2 \cdot \frac{1}{2}$ $+ 3 \cdot \frac{1}{3}x \cdot (\frac{1}{2})^2 + (\frac{1}{2})^3$ $= \frac{1}{27}x^3 + \frac{1}{6}x^2 + \frac{1}{4}x + \frac{1}{8}$ $(u \pm v)^5 = u^5 \pm 5u^4v + 10u^3v^2$ $\pm 10u^2v^3 + 5uv^4 \pm v^5$

1.06 Potenzen und Wurzeln

$a^n = \underbrace{a \cdot a \cdot \cdots \cdot a}_{\text{n Faktoren}}$	Ein Produkt aus n gleichen Faktoren a kann als **Potenz** a^n geschrieben werden, wobei **a Basis** und **n Exponent** genannt wird. $(a \neq 0, n \in \mathbb{N})$	$2 \cdot 2 \cdot 2 = 2^3$ $3 \cdot 3 \cdot 3 \cdot 3 \cdot 3 = 3^5$ $10 \cdot 10 \cdot 10 \cdot 10 \cdot 10 \cdot 10 = 10^6$ $5 \cdot 5 = 5^2$ $7 = 7^1$
$a^m \cdot a^n = a^{m+n}$	Potenzen mit gleicher Basis werden multipliziert, indem man die Exponenten addiert.	$3^2 \cdot 3^3 = (3 \cdot 3) \cdot (3 \cdot 3 \cdot 3) = 3^5$ $= 3^{2+3}$ $2^4 \cdot 2^5 = (2 \cdot 2 \cdot 2 \cdot 2) \cdot (2 \cdot 2 \cdot 2 \cdot 2 \cdot 2$ $= 2^9 = 2^{4+5}$ $x^{n-1} \cdot x = x^{n-1+1} = x^n$
$a^m : a^n = a^{m-n}$ $(a \neq 0)$	Potenzen mit gleicher Basis werden dividiert, indem man die Exponenten subtrahiert.	$3^5 : 3^2$ ⟨ $\frac{3^5}{3^2} = \frac{3 \cdot 3 \cdot 3 \cdot 3 \cdot 3}{3 \cdot 3} = 3^3$ $3^{5-2} = 3^3$
$a^0 = 1$	Ist der Exponent die Zahl 0, so wird der Potenz der Wert 1 zugerechnet (Definition).	$2^4 : 2^4$ ⟨ $2^{4-4} = 2^0$ $\frac{2 \cdot 2 \cdot 2 \cdot 2}{2 \cdot 2 \cdot 2 \cdot 2} = 1 \Rightarrow 2^0 = 1$

$a^{-n} = \frac{1}{a^n} \quad (a \neq 0)$	Ist der Exponent eine negative Zahl, so wird dem Wert der Potenz der positive Kehrwert (reziproke Wert) zugerechnet.	$5^3 : 5^5$ ⟨ $5^{3-5} = 5^{-2}$ $\frac{5 \cdot 5 \cdot 5}{5 \cdot 5 \cdot 5 \cdot 5 \cdot 5} = \frac{1}{5 \cdot 5} = \frac{1}{5^2}$ $\Rightarrow 5^{-2} = \frac{1}{5^2}$
$a^n \cdot b^n = (ab)^n$	Potenzen mit gleichem Exponenten werden multipliziert, indem man die Basen multipliziert und den Exponenten beibehält.	$3^2 \cdot 4^2 = 3 \cdot 3 \cdot 4 \cdot 4$ $= (3 \cdot 4) \cdot (3 \cdot 4)$ $= (3 \cdot 4)^2 = 12^2$ $2^3 \cdot 3^3$ ⟨ $8 \cdot 27 = 216$ $(2 \cdot 3)^3 = 6^3 = 216$
$\frac{a^n}{b^n} = \left(\frac{a}{b}\right)^n \quad (b \neq 0)$	Potenzen mit gleichem Exponenten werden dividiert, indem man die Basen dividiert und den Exponenten beibehält. Umkehrung: Man potenziert eine Bruchzahl, indem man Zähler und Nenner potenziert.	$\frac{12^3}{2^3} = \left(\frac{12}{2}\right)^3 = 6^3 = 216$ $\left(\frac{2}{3}\right)^4 : \left(\frac{1}{6}\right)^4 = \left(\frac{2 \cdot 6}{3 \cdot 1}\right)^4 = 4^4 = 256$ $\left(\frac{2}{5}\right)^2 = \frac{2^2}{5^2} = \frac{4}{25}$
$(a^m)^n = a^{mn}$	Eine Potenz wird potenziert, indem die Exponenten miteinander multipliziert werden.	$(3^2)^3$ ⟨ $9^3 = 9 \cdot 9 \cdot 9 = 729$ $3^6 = 3 \cdot 3 \cdot 3 \cdot 3 \cdot 3 \cdot 3 = 729$
$\sqrt[n]{a} = x \Leftrightarrow x^n = a$ $(a \geqq 0; x \geqq 0, n \geqq 2)$	Unter der **Wurzel** einer Zahl a versteht man die Zahl x, die mit dem Wurzelexponenten potenziert wieder den **Radikanden** (Zahl a unter dem Wurzelzeichen) ergibt.	$\sqrt[2]{9} = \sqrt{9} = 3 \Leftrightarrow 3^2 = 9$ $\sqrt[3]{8} = 2 \Leftrightarrow 2^3 = 8$ $\sqrt[4]{81} = 3 \Leftrightarrow 3^4 = 81$
$\sqrt{a} = x \Leftrightarrow x^2 = a$ $(a \geqq 0)$	Diese Wurzeln heißen **Quadratwurzeln**. Sie haben den Wurzelexponenten 2, der allerdings als kleinster möglicher Exponent nicht geschrieben wird.	$\sqrt{1} = 1 \Leftrightarrow 1^2 = 1$ $\sqrt{4} = 2 \Leftrightarrow 2^2 = 4$ $\sqrt{25} = 5 \Leftrightarrow 5^2 = 25$
$\sqrt[3]{a} = x \Leftrightarrow x^3 = a$	Diese Wurzeln heißen **Kubikwurzeln**.	$\sqrt[3]{1} = 1 \Leftrightarrow 1^3 = 1$ $\sqrt[3]{8} = 2 \Leftrightarrow 2^3 = 8$ $\sqrt[3]{27} = 3 \Leftrightarrow 3^3 = 27$
Reelle Zahlen $\mathbb{R}$	Bei den meisten Radikanden ergeben sich Zahlen als Wurzeln, die sich weder durch eine natürliche Zahl noch durch eine Bruchzahl (einschließlich endlicher oder periodischer Dezimalzahlen) darstellen lassen. Es ergeben sich hier unendliche, nicht-periodische Dezimalzahlen, die als **irrationale Zahlen** bezeichnet werden. Die Gesamtheit aller Zahlen, die sich beim Radizieren ergeben, gehört zur **Menge der reellen Zahlen** $\mathbb{R}$ (vgl. Kap. 0.6.).	$\sqrt{2} = x, 1 < x < 2, x = 1{,}4142\ldots$ $\sqrt{5} = x, 2 < x < 3, x = 2{,}2361\ldots$ $\sqrt{20} = x, 4 < x < 5, x = 4{,}4721\ldots$ $\sqrt[3]{2} = x, 1 < x < 2, x = 1{,}2599\ldots$ $\sqrt[3]{5} = x, 1 < x < 2, x = 1{,}7099\ldots$

$\sqrt{-1} = i$ $\sqrt{-a^2} = ai$	Wenn der Radikand eine negative Zahl ist, gibt es keine reelle Zahl als Quadraturwurzel. Man setzt für $\sqrt{-1}$ die Zahl i und nennt sie eine **imaginäre Einheit** (vgl. Kap. 0.6.).	$\sqrt{-4} = \sqrt{4 \cdot (-1)} = \sqrt{4} \cdot \sqrt{-1}$ $= 2\sqrt{-1} = 2i$ $\sqrt{-7} = \sqrt{7 \cdot (-1)} = \sqrt{-1} \cdot \sqrt{7}$ $= i\sqrt{7}$
$\sqrt[n]{a^n} = \left(\sqrt[n]{a}\right)^n = a$ $(a \in \mathbb{R}^+; n \in \mathbb{N} \setminus \{1\})$	Die Operationen des Potenzierens und des Radizierens mit demselben Exponenten heben sich gegenseitig auf.	$(\sqrt{4})^2$: $2^2 = 4$; $\sqrt{4^2} = \sqrt{16} = 4$ $\left(\sqrt[3]{27}\right)^3$: $3^3 = 27$; $\sqrt[3]{27^3} = \sqrt[3]{19683} = 27$
$\sqrt[n]{a} \cdot \sqrt[n]{b} = \sqrt[n]{ab}$ $(a, b \in \mathbb{R}^+; n \in \mathbb{N} \setminus \{1\})$	Wurzeln mit gleichem Exponenten werden multipliziert, indem man die Radikanden multipliziert und dann das Produkt radiziert.	$\sqrt{5} \cdot \sqrt{45} = \sqrt{225} = 15$ $\sqrt[3]{9} \cdot \sqrt[3]{3} = \sqrt[3]{27} = 3$ $\sqrt[5]{2} \cdot \sqrt[5]{3{,}2} \cdot \sqrt[5]{5} = \sqrt[5]{32} = 2$
$\sqrt[n]{ab} = \sqrt[n]{a} \cdot \sqrt[n]{b}$ $(a, b \in \mathbb{R}^+;$ $n \in \mathbb{N} \setminus \{1\})$	Umgekehrt kann ein Produkt radiziert werden, indem man jeden Faktor einzeln radiziert und die erhaltenen Zahlen multipliziert. (Teilweises oder **partielles Radizieren**)	$\sqrt{12} = \sqrt{4 \cdot 3} = \sqrt{4} \cdot \sqrt{3} = 2\sqrt{3}$ $\sqrt{1000} = \sqrt{100 \cdot 10} = \sqrt{100} \cdot \sqrt{10}$ $= 10\sqrt{10}$ $\sqrt[3]{81} = \sqrt[3]{27 \cdot 3} = \sqrt[3]{27} \cdot \sqrt[3]{3} = 3\sqrt[3]{3}$
$\dfrac{\sqrt[n]{a}}{\sqrt[n]{b}} = \sqrt[n]{\dfrac{a}{b}}$ $(a, b \in \mathbb{R}^+;$ $n \in \mathbb{N} \setminus \{1\})$ $\sqrt[n]{\dfrac{a}{b}} = \dfrac{\sqrt[n]{a}}{\sqrt[n]{b}}$ $(a, b \in \mathbb{R}^+;$ $n \in \mathbb{N} \setminus \{1\})$	Wurzeln mit gleichem Exponenten werden dividiert, indem man die Radikanden dividiert und den erhaltenen Quotienten radiziert. Umgekehrt kann ein Bruch radiziert werden, indem man Zähler und Nenner einzeln radiziert.	$\dfrac{\sqrt{12}}{\sqrt{3}} = \sqrt{\dfrac{12}{3}} = \sqrt{4} = 2$ $\dfrac{\sqrt[3]{24}}{\sqrt[3]{3}} = \sqrt[3]{\dfrac{24}{3}} = \sqrt[3]{8} = 2$ $\sqrt{2\frac{1}{4}} = \sqrt{\frac{9}{4}} = \dfrac{\sqrt{9}}{\sqrt{4}} = \frac{3}{2} = 1\frac{1}{2}$ $\sqrt{0{,}25} = \sqrt{\frac{25}{100}} = \dfrac{\sqrt{25}}{\sqrt{100}} = \frac{5}{10} = \frac{1}{2}$
$\left(\sqrt[n]{a}\right)^m = \sqrt[n]{a^m}$ $(a \in \mathbb{R}^+;$ $n \in \mathbb{N} \setminus \{1\}; m \in \mathbb{N}_0)$ $\sqrt[n]{a^m} = \left(\sqrt[n]{a}\right)^m$ $(a \in \mathbb{R}^+;$ $n \in \mathbb{N} \setminus \{1\}; m \in \mathbb{N}_0)$	Eine Wurzel wird potenziert, indem man den Radikanden potenziert und die erhaltene Potenz radiziert oder indem man die Basis des Radikanden zunächst radiziert und die erhaltene Zahl dann potenziert.	$(\sqrt{2})^4 = \sqrt{2^4} = \sqrt{16} = 4$ $\left(\sqrt[3]{0{,}5}\right)^6 = \sqrt[3]{0{,}5^6} = \sqrt[3]{(\frac{1}{2})^6} = \sqrt[3]{\frac{1}{64}}$ $= \frac{1}{4} = 0{,}25$ $\sqrt{4^3} = (\sqrt{4})^3 = 2^3 = 8$ $\sqrt[3]{27^2} = \left(\sqrt[3]{27}\right)^2 = 3^2 = 9$
$\sqrt[m]{\sqrt[n]{a}} = \sqrt[m \cdot n]{a}$ $(a \in \mathbb{R}^+;$ $m, n \in \mathbb{N} \setminus \{1\})$	Eine Wurzel wird radiziert, indem man mit dem Produkt der Wurzelexponenten radiziert.	$\sqrt{\sqrt{16}} = \sqrt[4]{16} = 2$ $\sqrt[3]{\sqrt{64}} = \sqrt[6]{64} = 2$
$a^{\frac{1}{n}} = \sqrt[n]{a}$ $a^{\frac{m}{n}} = \sqrt[n]{a^m}$ $(a \in \mathbb{R}^+;$ $n \in \mathbb{N} \setminus \{1\}, m \in \mathbb{Z})$	Eine Potenz mit einer Bruchzahl als Exponent kann als Wurzelterm geschrieben werden. Der Nenner der Bruchzahl ist Wurzelexponent.	$4^{\frac{1}{2}} = \sqrt{4} = 2$ $27^{\frac{2}{3}} = \sqrt[3]{27^2} = \left(\sqrt[3]{27}\right)^2 = 3^2 = 9$ $\left(\frac{9}{16}\right)^{-\frac{1}{2}} = \left(\frac{16}{9}\right)^{\frac{1}{2}} = \sqrt{\frac{16}{9}} = \dfrac{\sqrt{16}}{\sqrt{9}}$ $= \frac{4}{3} = 1\frac{1}{3}$ $\sqrt[3]{a^2} = a^{\frac{2}{3}}$ $\quad \sqrt{a^3} = a^{\frac{3}{2}}$

1.07 Logarithmen

$\log_a b = x$ $\Leftrightarrow a^x = b$ $(a, b > 0, a \neq 1)$	Der **Logarithmus** einer Zahl b zur Basis a ist diejenige Zahl, mit der die Basis a potenziert werden muß, um die ursprüngliche Zahl b (**Numerus**) zu erhalten.	$\log_2 16 = 4 \Leftrightarrow 2^4 = 16$ $\log_{10} 10000 = 4 \Leftrightarrow 10^4 = 10000$ $\log_3 \frac{1}{9} = -2 \Leftrightarrow 3^{-2} = \frac{1}{\sqrt{3^2}} = \frac{1}{9}$ $\log_2 \sqrt{2} = \frac{1}{2} \Leftrightarrow 2^{\frac{1}{2}} = \sqrt{2}$ $\log_3 \frac{1}{\sqrt[4]{3^3}} = -\frac{3}{4} \Leftrightarrow 3^{-\frac{3}{4}} = \frac{1}{3^{\frac{3}{4}}} = \frac{1}{\sqrt[4]{3^3}}$
$\log_b b = 1$ $(b > 0, b \neq 1)$	Sind Numerus und Basis gleich, so hat der Logarithmus den Wert 1.	$\log_4 4 = 1 \Leftrightarrow 4^1 = 4$ $\log_7 7 = 1 \Leftrightarrow 7^1 = 7$
$\log_a 1 = 0$ $(a > 0)$	Der Logarithmus der Zahl 1 hat bei jeder beliebigen Basis den Wert 0, da jede Basis mit 0 potenziert laut Definition den Wert 1 ergibt. (Vgl. 1.06.)	$\log_3 1 = 0 \Leftrightarrow 3^0 = 1$ $\log_9 1 = 0 \Leftrightarrow 9^0 = 1$ $\log_{125} 1 = 0 \Leftrightarrow 125^0 = 1$
$\log (ab)$ $= \log a + \log b$	Der Logarithmus eines Produktes zu einer beliebigen Basis ist gleich der Summe der Logarithmen der einzelnen Faktoren.	$\log_2 (8 \cdot 16)$: $\log_2 128 = 7$ $\log_2 8 + \log_2 16 = 3 + 4 = 7$ $\log_3 (9 \cdot 27)$: $\log_3 243 = 5$ $\log_3 9 + \log_3 27 = 2 + 3 = 5$
$\log \frac{a}{b}$ $= \log a - \log b$ $\left(\frac{a}{b} > 0\right)$	Der Logarithmus einer Bruchzahl (Quotienten) zu einer beliebigen Basis ist gleich der Differenz der Logarithmen von Zähler und Nenner (Dividend und Divisor).	$\log_2 \frac{64}{16}$: $\log_2 4 = 2$ $\log_2 64 - \log_2 16 = 6 - 4 = 2$ $\log_3 \frac{243}{9}$: $\log_3 27 = 3$ $\log_3 243 - \log_3 9 = 5 - 2 = 3$
$\log \frac{1}{b} = -\log b$ $(b > 0)$	Der Logarithmus einer Bruchzahl mit dem Zähler 1 ist gleich dem negativen Logarithmus des Kehrwertes (reziproker Zahl), da $\log \frac{1}{b} = \log 1 - \log b =$ $= 0 - \log b = -\log b.$	$\log_2 \frac{1}{8} = -\log_2 8 = -3$ $\log_3 \frac{1}{81} = -\log_3 81 = -4$
$\log b^n = n \cdot \log b$ $(b > 0; n \in \mathbb{Q})$	Der Logarithmus einer Potenz ist gleich dem Produkt des Exponenten mit dem Logarithmus der Basis der Potenz.	$\log_2 4^4$: $\log_2 256 = 8$ $4 \cdot \log_2 4 = 4 \cdot 2 = 8$ $\log_3 9^3$: $\log_3 729 = 6$ $3 \cdot \log_3 9 = 3 \cdot 2 = 6$
$\log \sqrt[n]{b} = \frac{1}{n} \cdot \log b$ $= \frac{\log b}{n}$ $(b > 0, n \in \mathbb{N} \setminus \{1\})$	Der Logarithmus eines Wurzelterms ist gleich dem Quotienten aus Logarithmus des Radikanden und Wurzelexponent. $\log \sqrt[n]{b} = \log b^{\frac{1}{n}} = \frac{1}{n} \cdot \log b$	$\log_2 \sqrt[5]{1024}$: $\log_2 4 = 2$ $\frac{1}{5} \cdot \log_2 1024 = \frac{1}{5} \cdot 10 = 2$

1

lg x = $\log_{10}$ x **(x > 0)**	Die Logarithmen zur Basis 10 bezeichnet man als **Zehnerlogarithmen** (dekadische Logarithmen).	$\lg 1 = 0 \Leftrightarrow 10^0 = 1$ $\lg 10 = 1 \Leftrightarrow 10^1 = 10$ $\lg 100 = 2 \Leftrightarrow 10^2 = 100$ $\lg 1000 = 3 \Leftrightarrow 10^3 = 1000$ $\lg 0{,}1 = -1 \Leftrightarrow 10^{-1} = \frac{1}{10} = 0{,}1$ $\lg 0{,}01 = -2 \Leftrightarrow 10^{-2} = \frac{1}{100} = 0{,}01$
ln x = $\log_e$ x **(x > 0)**	Die Logarithmen zur Basis e (**EulerscheZahl**) bezeichnet man als **natürliche Logarithmen.** e = 2,718281828459	

1.08 Relationen

$R \subseteq A \times B$	Eine (zweistellige) **Relation** R zwischen zwei Mengen A und B ist eine Teilmenge der Produktmenge $A \times B$.	R: „a teilt b“ A = {2, 3, 4, 5} B = {11, 12, 13, 14, 15} 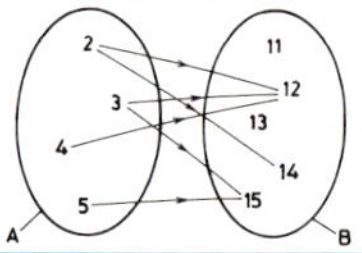
$R \subseteq A \times A$	Eine (zweistellige) Relation R in (oder auf) einer Menge A ist eine Teilmenge der Produktmenge $A \times A$.	$R = \{(2 \mid 12), (2 \mid 14), (3 \mid 12), (4 \mid 12), (3 \mid 15), (5 \mid 15)\}$ $R \subset A \times B$
$\overline{R}$	Die zu einer gegebenen Relation R **inverse Relation** kennzeichnet die Umkehrbeziehung zwischen den Elementen. In der Menge der geordneten Paare sind jeweils die Komponenten vertauscht.	$\overline{R}$: „b ist Vielfaches von a“ 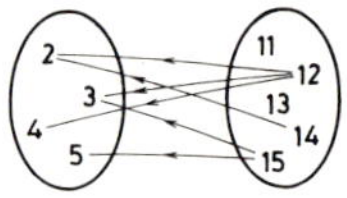 $R = \{(12 \mid 2), (14 \mid 2), (12 \mid 3), (15 \mid 3), (12 \mid 4), (15 \mid 5)\}$
a R a	Eine (zweistellige) Relation R in einer Menge A heißt **reflexiv**, wenn jedes Element dieser Menge zu sich selbst in Relation steht. Eine Relation heißt **antireflexiv**, wenn kein Element zu sich selbst in Relation steht.	R: „ist Teiler von“ A = {1, 2, 3, 6} 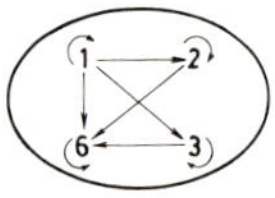 $R = \{(1 \mid 1), (1 \mid 2), (1 \mid 3), (1 \mid 6), (2 \mid 2), (2 \mid 6), (3 \mid 3), (3 \mid 6), (6 \mid 6)\}$
a R b ⇒ b R a	Eine (zweistellige) Relation R in einer Menge A heißt **symmetrisch**, wenn mit dem Paar $(a \mid b)$ auch stets das Paar $(b \mid a)$ Element der Relation R ist. Eine (zweistellige) Relation R in einer Menge A heißt **antisymmetrisch**, wenn zu keinem Paar $(a \mid b)$ mit $a \neq b$ das Paar $(b \mid a)$ Element der Relation R ist.	R: „hat dieselbe Quersumme wie“ A = {15, 24, 27, 35, 54, 71} 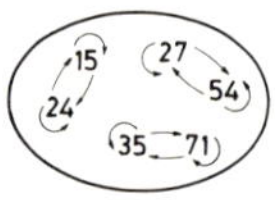 $R = \{(15 \mid 15), (15 \mid 24), (24 \mid 15), (24 \mid 24), (27 \mid 27), (27 \mid 54), (54 \mid 27), (54 \mid 54), (35 \mid 35), (35 \mid 71), (71 \mid 35), (71 \mid 71)\}$

a R b, b R c $\Rightarrow$ a R c	Eine (zweistellige) Relation heißt **transitiv**, wenn mit den Paaren (a | b) und (b | c) auch stets das Paar (a | c) Element der Relation R ist.	R: „ist kleiner als“ A = {4, 5, 6, 7} 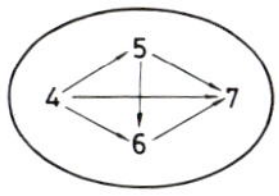 R: = {(4 | 5), (5 | 6), (4 | 6), (5 | 7), (4 | 7), (6 | 7)} R: „ist Teiler von“ A = {2, 3, 4, 8, 9, 27} 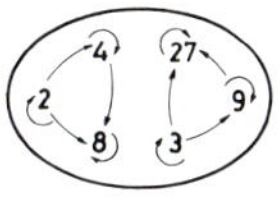 R = {(2 | 2), (2 | 4), (4 | 8), (2 | 8), (4 | 4), (8 | 8), (3 | 3), (3 | 9), (3 | 27), (9 | 27), (9 | 9), (27 | 27)} R ist reflexiv und transitiv.
Äquivalenzrelation	Ist eine Relation R in einer Menge A reflexiv, symmetrisch und transitiv, so heißt sie eine **Äquivalenzrelation.** Sie erzeugt in der Grundmenge eine disjunkte **Klasseneinteilung.**	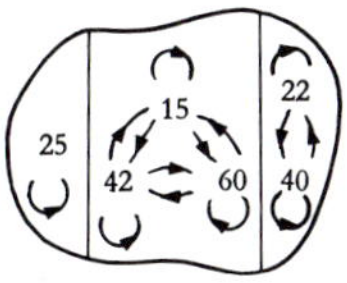 R: „hat dieselbe Quersumme wie“ G: {15; 22; 25; 40; 42; 60}
Ordnungsrelation	Ist eine Relation antisymmetrisch und transitiv, heißt sie **Ordnungsrelation**. Sie erzeugt in der Grundmenge eine Ordnung. Ist die Relation zusätzlich reflexiv, erzeugt sie eine Halbordnung; ist die Relation zusätzlich antireflexiv, erzeugt sie eine strenge Ordnung.	„ist schwerer als“ „ist größer als“ „kommt im Alphabet nach“ „hat eine bessere Zensur als“

1.09 Funktionen

f : D → W **f ⊆ D × W**	Eine Relation R zwischen zwei Mengen D und W heißt **Funktion f**, wenn zu jedem Element x ∈ D genau ein Element y ∈ W existiert, so daß (x | y) ∈ R gilt. Eine Funktion ist eine Menge geordneter Paare, bei denen die ersten Komponenten sämtlich verschieden sind.	f: „ist das Doppelte von“ $D \ni x \xrightarrow{f} y \in W$ 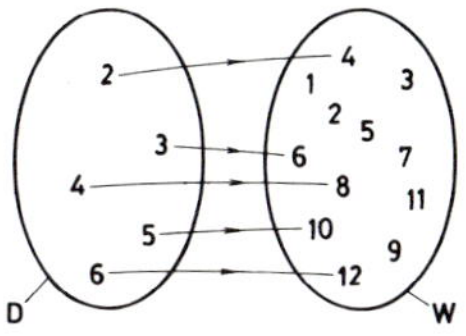 f = {(2 | 4), (3 | 6), (4 | 8), (5 | 10), (6 | 12)} f ⊂ D × W

$x \rightarrow y$
$x \rightarrow f(x)$
$y = f(x)$

Die Elemente x der **Definitionsmenge** (Originalmenge) **D** werden auf die Elemente $y = f(x)$ der **Wertemenge W** abgebildet.

$2 \rightarrow f(2) = 4$
$3 \rightarrow f(3) = 6$
$4 \rightarrow f(4) = 8$
$5 \rightarrow f(5) = 10$
$6 \rightarrow f(6) = 12$

Funktionsgleichung

Die Abbildung (Zuordnung) durch eine Vorschrift f kann in einer Gleichung gegeben sein. Die Menge geordneter Paare wird häufig durch eine Wertetabelle dargestellt.

$f(x) = y = 2x$
$D = \{2, 3, 4, 5, 6\}$
$W = \{4, 6, 8, 10, 12\}$

x	2	3	4	5	6
y	4	6	8	10	12

$f(x) = y = 3x - 2$
$D = \{1, 2, 3, 4, 5\}$
$W = \{1, 4, 7, 10, 13\}$

x	1	2	3	4	5
y	1	4	7	10	13

Graph

Trägt man die Mengen D und W auf den Achsen eines **Koordinatensystems** ein, so erzeugt die gegebene Funktion $f \subseteq D \times W$ eine **Punktmenge**. Diese Punktmenge heißt **Graph** der Funktion.
$G_f = \{(x \mid f(x)) \mid x \in D\}$
(G_f gelesen: Graph von f(x))

$f(x) = y = 3 - x, D = -2, \ldots, 3, 4, 5\}$

x	−2	−1	0	1	2	3	4	5
y	5	4	3	2	1	0	−1	−2

$D \subset \mathbb{Q} \subset \mathbb{R}$

Wird als Definitionsmenge ein **Intervall** als Teilmenge der rationalen oder gar der reellen Zahlen gegeben, so lassen sich nicht alle Zahlenpaare aufzählen.
Man kann zunächst isolierte Punkte angeben, deren Koordinaten die Funktionsgleichung erfüllen. Durch Wahl vieler weiterer Zwischenpunkte entsteht bald eine zusammenhängende Punktreihe (Linie) als Graph der Funktion.

$f(x) = y = \frac{1}{2}x + 1,$
$D = \{x \mid -3 \leqq x \leqq 3\}$

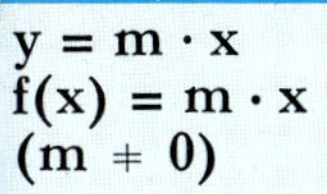
$y = m \cdot x$
$f(x) = m \cdot x$
$(m \neq 0)$

Proportionale Funktionen
Die Graphen der Funktionen dieses Typs stellen Geraden dar, die durch den Ursprungspunkt $(0 \mid 0)$ verlaufen. Sie haben verschiedene Steigungen, die durch den jeweiligen **Steigungsfaktor m** bestimmt werden. Diese Graphen nennt man auch **Ursprungsgeraden** $(D = \mathbb{R};\ W = \mathbb{R})$.

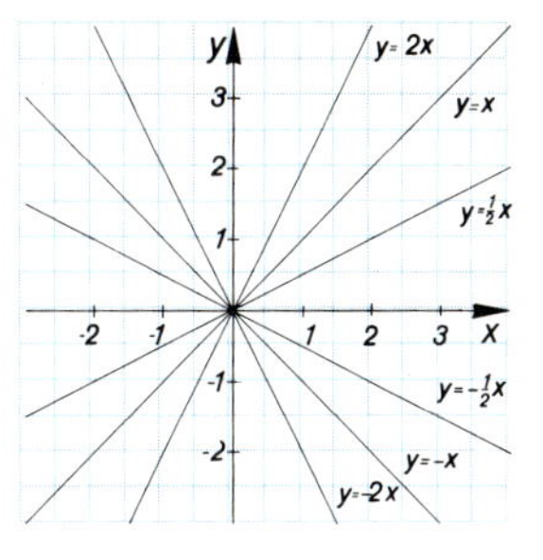

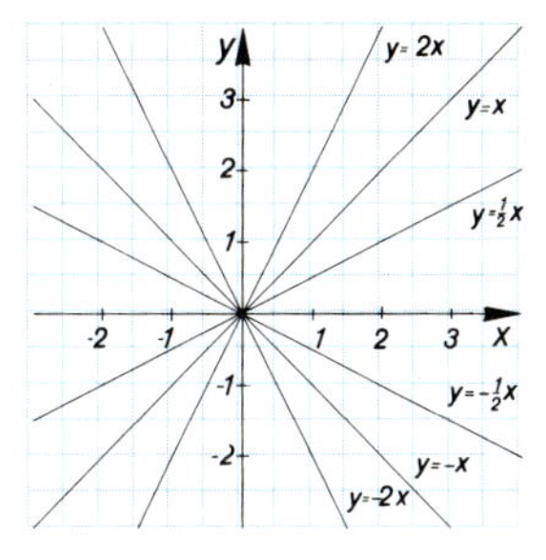

$y = mx + b$
$f(x) = mx + b$

Lineare Funktionen
Die Graphen der Funktionen dieses Typs sind ebenfalls Geraden, die durch den Steigungsfaktor m gekennzeichnet sind, gleichzeitig aber um den Wert b auf der y-Achse verschoben sind.

$b > 0$: Verschiebung in positive y-Richtung
$b < 0$: Verschiebung in negative y-Richtung
$b = 0$: Ursprungsgerade
$m = 0$: Parallele zur x-Achse im Abstand $y = b$
$m, b = 0$: x-Achse $(y = 0)$

Alle Funktionen der Form $y = mx + b$ bezeichnet man als **lineare Funktionen.**

$(D = \mathbb{R};\ W = \mathbb{R}$ für $m \neq 0$,
$W = \{b\}$ für $m = 0)$

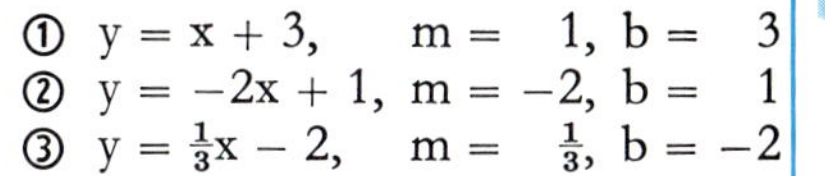
① $y = x + 3$, $m = 1$, $b = 3$
② $y = -2x + 1$, $m = -2$, $b = 1$
③ $y = \frac{1}{3}x - 2$, $m = \frac{1}{3}$, $b = -2$

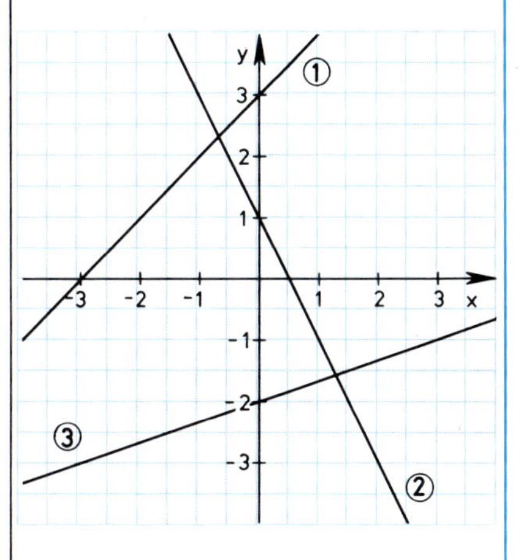

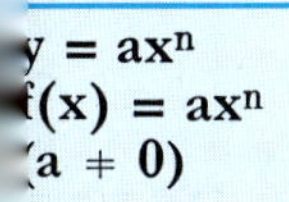
$y = ax^n$
$f(x) = ax^n$
$(a \neq 0)$

Potenzfunktionen
Durch die Gleichung $y = ax^n$ $(n \in \mathbb{N})$ wird jedem $x \in \mathbb{R}$ eindeutig ein $y \in \mathbb{R}$ zugeordnet. Die so definierte Funktion heißt **Potenzfunktion** n-ten Grades. Ihre Graphen bezeichnet man als Parabeln n-ten Grades.
Die Parabeln sind für gerade n achsensymmetrisch bezüglich der y-Achse $(D = \mathbb{R};\ W = \mathbb{R}_0^+$, wenn $a > 0$; $W = \mathbb{R}_0^-$, wenn $a < 0)$, für ungerade n punktsymmetrisch bezüglich des Ursprungspunktes $(D = \mathbb{R};\ W = \mathbb{R})$. Für $n = 1$ ergeben sich Geraden als Graphen der proportionalen Funktionen.

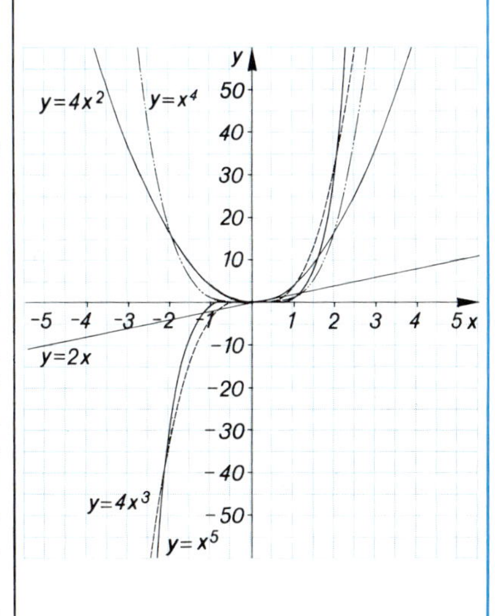

$y = x^2$ **$f(x) = x^2$**	Der Graph dieser **Quadratfunktion** stellt eine gekrümmte Linie dar, die spiegelsymmetrisch zur y-Achse verläuft und deren **Scheitelpunkt** im Ursprungspunkt $(0 \mid 0)$ liegt. Dieser Graph heißt **Normalparabel** ($D = \mathbb{R}$; $W = \mathbb{R}_0^+$).	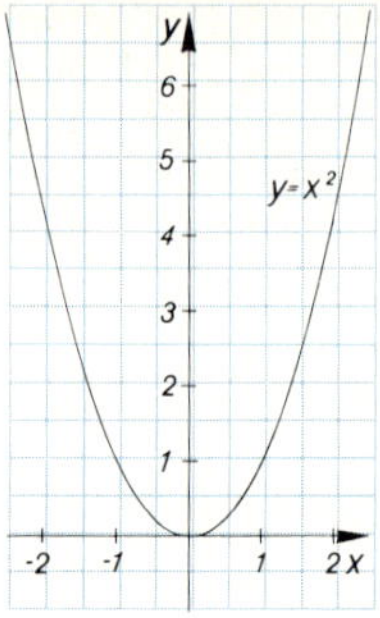 $y = x^2$
$y = x^3$ **$f(x) = x^3$**	Der Graph dieser **Kubikfunktion** ist punktsymmetrisch zum Ursprungspunkt $(0 \mid 0)$. ($D = \mathbb{R}$; $W = \mathbb{R}$)	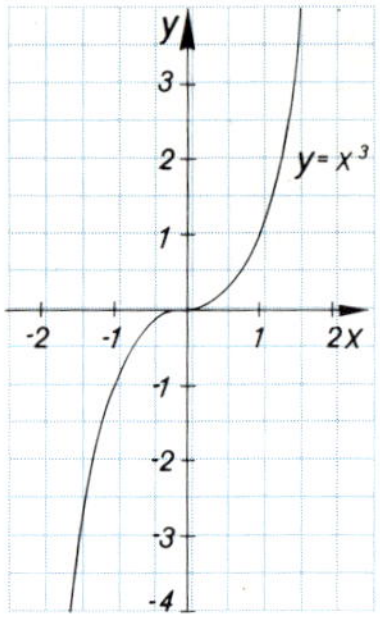 $y = x^3$
$y = x^n, n \in \mathbb{N}$ **$f(x) = x^n$**	Alle Graphen solcher Funktionen heißen **Parabeln n-ter Ordnung.** Ist n eine gerade natürliche Zahl, verlaufen die Graphen durch den Ursprungspunkt $(0 \mid 0)$, durch die Punkte $(1 \mid 1)$ und $(-1 \mid 1)$ und sind spiegelsymmetrisch zur y-Achse ($D = \mathbb{R}$; $W = \mathbb{R}_0^+$). Ist n eine ungerade natürliche Zahl, verlaufen die Graphen durch den Ursprungspunkt, durch die Punkte $(1 \mid 1)$ und $(-1 \mid -1)$ und sind punktsymmetrisch zum Ursprungspunkt ($D = \mathbb{R}$; $W = \mathbb{R}$).	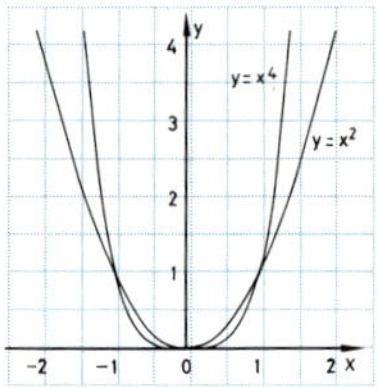 $y = x^4$, $y = x^2$ $y = x^5$, $y = x^3$
$y = ax^2$ **$f(x) = ax^2$** **$(a \neq 0)$**	Quadratische Funktionen, deren Graphen ihren Scheitelpunkt im Ursprungspunkt haben: $\mid a \mid > 1$: Parabel ist schmaler als Normalparabel. Die Normalparabel ist gestreckt. $\mid a \mid < 1$: Die Parabel ist breiter als die Normalparabel. Die Normalparabel ist gestaucht. $a > 0$: Parabeln sind nach oben geöffnet. $a < 0$: Parabeln sind nach unten geöffnet.	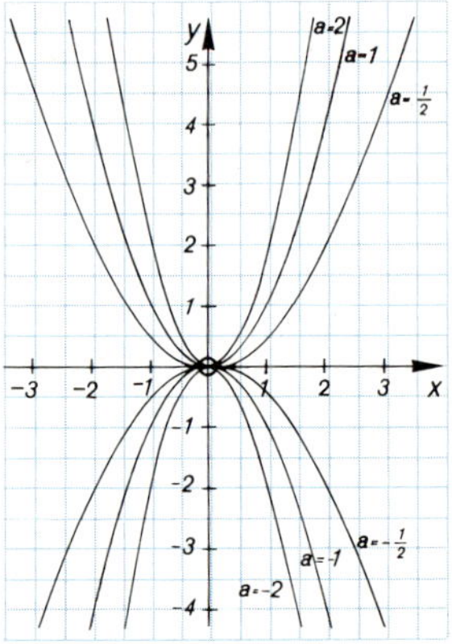 $a = 2$, $a = 1$, $a = \frac{1}{2}$, $a = -\frac{1}{2}$, $a = -1$, $a = -2$

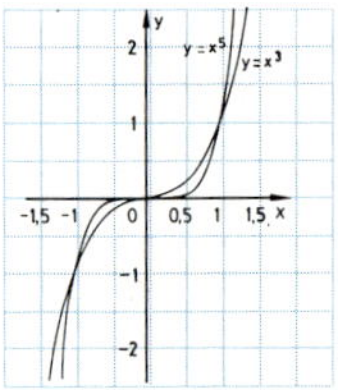

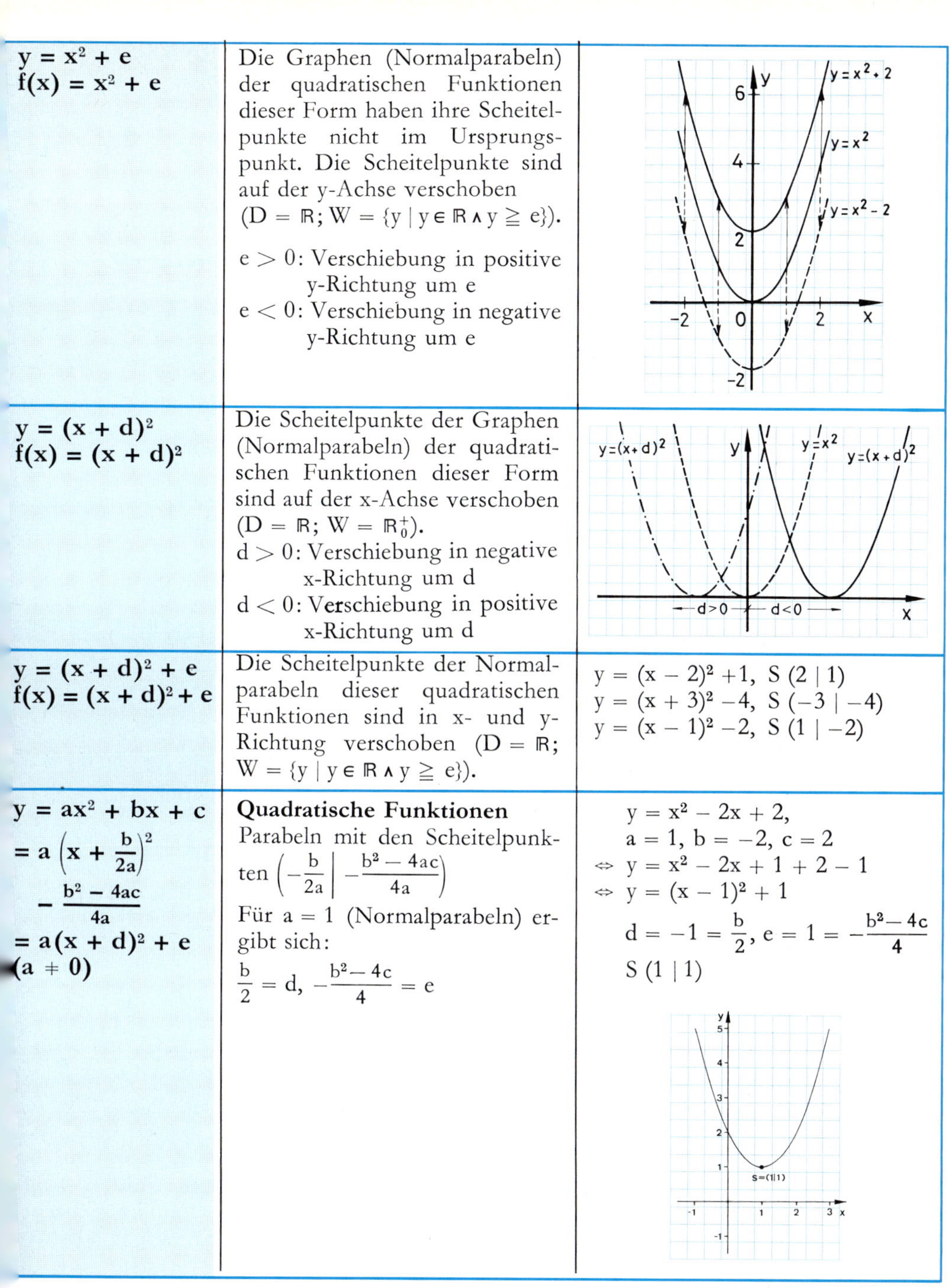

$y = x^2 + e$ **$f(x) = x^2 + e$**	Die Graphen (Normalparabeln) der quadratischen Funktionen dieser Form haben ihre Scheitelpunkte nicht im Ursprungspunkt. Die Scheitelpunkte sind auf der y-Achse verschoben ($D = \mathbb{R}$; $W = \{y \mid y \in \mathbb{R} \wedge y \geqq e\}$). $e > 0$: Verschiebung in positive y-Richtung um e $e < 0$: Verschiebung in negative y-Richtung um e	
$y = (x + d)^2$ **$f(x) = (x + d)^2$**	Die Scheitelpunkte der Graphen (Normalparabeln) der quadratischen Funktionen dieser Form sind auf der x-Achse verschoben ($D = \mathbb{R}$; $W = \mathbb{R}_0^+$). $d > 0$: Verschiebung in negative x-Richtung um d $d < 0$: Verschiebung in positive x-Richtung um d	
$y = (x + d)^2 + e$ **$f(x) = (x + d)^2 + e$**	Die Scheitelpunkte der Normalparabeln dieser quadratischen Funktionen sind in x- und y-Richtung verschoben ($D = \mathbb{R}$; $W = \{y \mid y \in \mathbb{R} \wedge y \geqq e\}$).	$y = (x - 2)^2 + 1$, $S\,(2 \mid 1)$ $y = (x + 3)^2 - 4$, $S\,(-3 \mid -4)$ $y = (x - 1)^2 - 2$, $S\,(1 \mid -2)$
$y = ax^2 + bx + c$ **$= a\left(x + \frac{b}{2a}\right)^2 - \frac{b^2 - 4ac}{4a}$** **$= a(x + d)^2 + e$** **$(a \neq 0)$**	**Quadratische Funktionen** Parabeln mit den Scheitelpunkten $\left(-\frac{b}{2a} \,\middle|\, -\frac{b^2 - 4ac}{4a}\right)$ Für $a = 1$ (Normalparabeln) ergibt sich: $\frac{b}{2} = d$, $-\frac{b^2 - 4c}{4} = e$	$y = x^2 - 2x + 2$, $a = 1$, $b = -2$, $c = 2$ $\Leftrightarrow y = x^2 - 2x + 1 + 2 - 1$ $\Leftrightarrow y = (x - 1)^2 + 1$ $d = -1 = \frac{b}{2}$, $e = 1 = -\frac{b^2 - 4c}{4}$ $S\,(1 \mid 1)$

$y = \frac{1}{x}, x \neq 0$ $f(x) = \frac{1}{x}$	Als Graph der Funktion mit der Funktionsgleichung $y = \frac{1}{x}$ (antiproportionale Funktion) ergibt sich eine **Hyperbel** (rechtwinklig) ($D = \mathbb{R} \setminus \{0\}$; $W = \mathbb{R} \setminus \{0\}$). Wächst $\lvert x \rvert$ stark, so nähert sich y der Zahl 0. Nähert sich $\lvert x \rvert$ der Zahl 0, so wächst $\lvert y \rvert$ über alle Grenzen. Für $x = 0$ ist y nicht definiert. Der Graph dieser Funktion besteht aus zwei Ästen, die sich jeweils der x- und y-Achse annähern, d. h. die Achsen des Koordinatensystem sind **Asymptoten.**	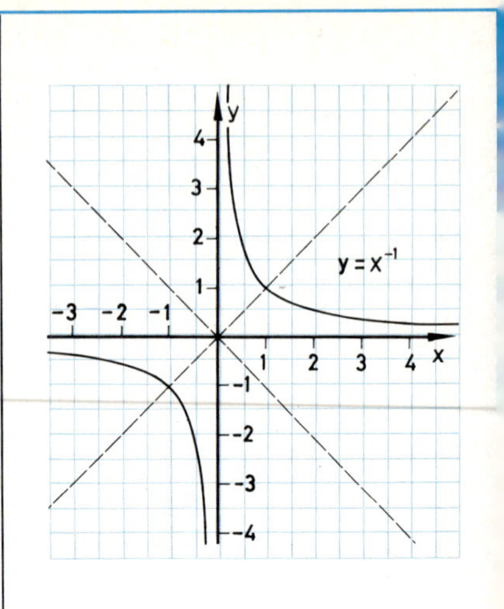
$y = \frac{a}{x}$ $y \cdot x = a$ $f(x) = \frac{a}{x}$ $(a, x \neq 0)$	**Antiproportionale Funktionen** Eine Funktion mit der Funktionsgleichung $y = \frac{a}{x}$ heißt antiproportionale Funktion ($D = \mathbb{R} \setminus \{0\}$; $W = \mathbb{R} \setminus \{0\}$). $a > 0$: Die beiden Äste der Hyperbel verlaufen in den Quadranten I. und III. 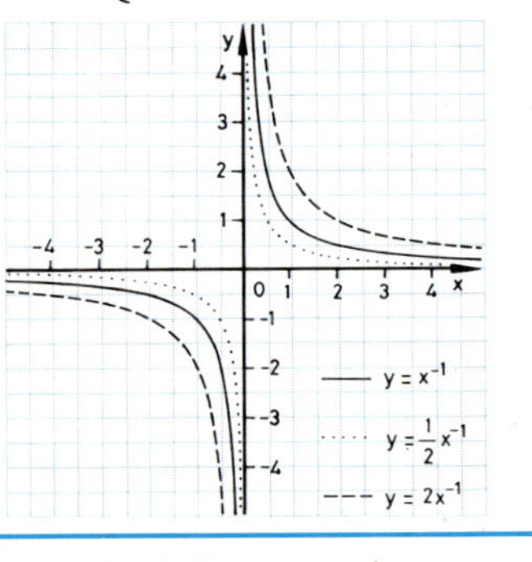	$a < 0$: Die beiden Äste verlaufen in den Quadranten II und IV. 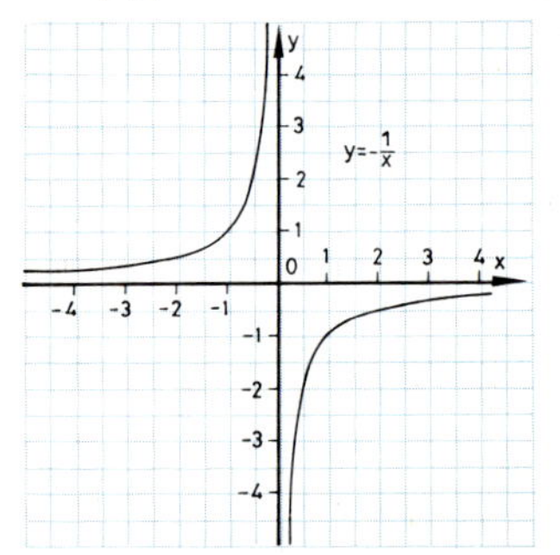
$y = ax^{-n} = \frac{a}{x^n}$ $f(x) = ax^{-n} = \frac{a}{x^n}$ $(a, x \neq 0, n \in \mathbb{N})$	**Potenzfunktionen mit negativen Exponenten** Als Graphen dieser Funktionen ergeben sich Hyperbeln. Ist n eine gerade Zahl, verlaufen beide Äste spiegelsymmetrisch zur y-Achse ($D = \mathbb{R} \setminus \{0\}$; $W = \mathbb{R}^+$, wenn $a > 0$). 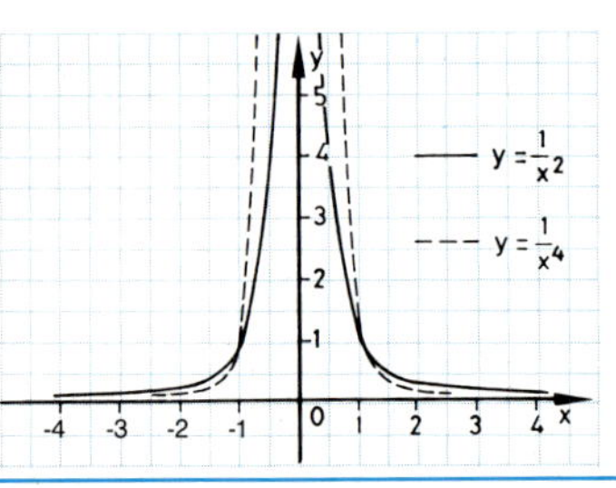	Ist n eine ungerade Zahl, verlaufen die Äste stets punktsymmetrisch zum Ursprungspunkt ($D = \mathbb{R} \setminus \{0\}$; $W = \mathbb{R} \setminus \{0\}$). 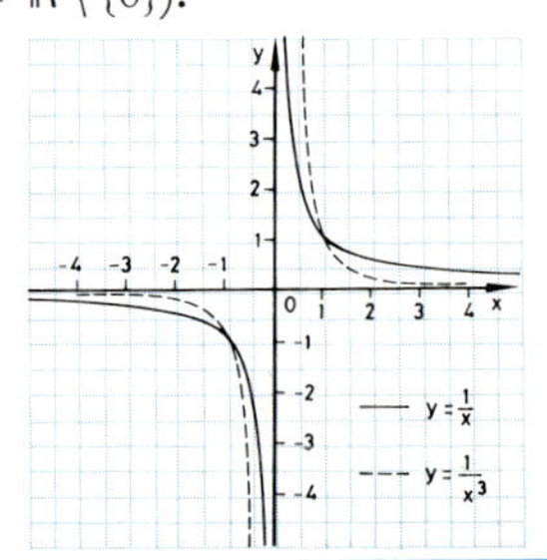

$f(x) = y = \frac{a}{x} + b$ **$(a, x \neq 0)$**	Die Asymptoten dieser Hyperbeln sind y-Achse und die Gerade $y = b$ ($D = \mathbb{R} \setminus \{0\}$; $W = \mathbb{R} \setminus \{b\}$).	
$f(x) = y = \sqrt{x}$, **$x \geqq 0$**	**Quadratwurzelfunktion** (Umkehrfunktion zu $y = x^2, x \geqq 0; D = \mathbb{R}_0^+; W = \mathbb{R}_0^+$).	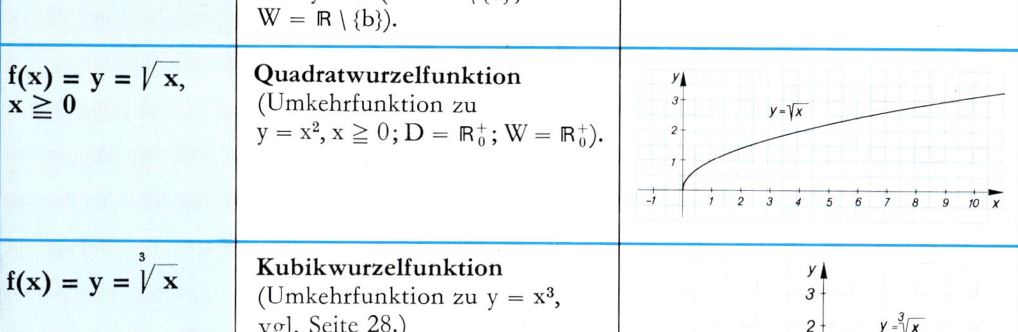
$f(x) = y = \sqrt[3]{x}$	**Kubikwurzelfunktion** (Umkehrfunktion zu $y = x^3$, vgl. Seite 28.)	
$f(x) = y = x^{\frac{m}{n}}$, **$x \geqq 0$** **$m, n \in \mathbb{Z}, n \neq 0$**	Alle bisherigen Funktionen sind als **Potenzfunktionen** darstellbar. $\frac{m}{n} = 1$: Gerade $\frac{m}{n} > 1$: Parabel $0 < \frac{m}{n} < 1$: Wurzelfunktion $\frac{m}{n} < 0$: Hyperbel	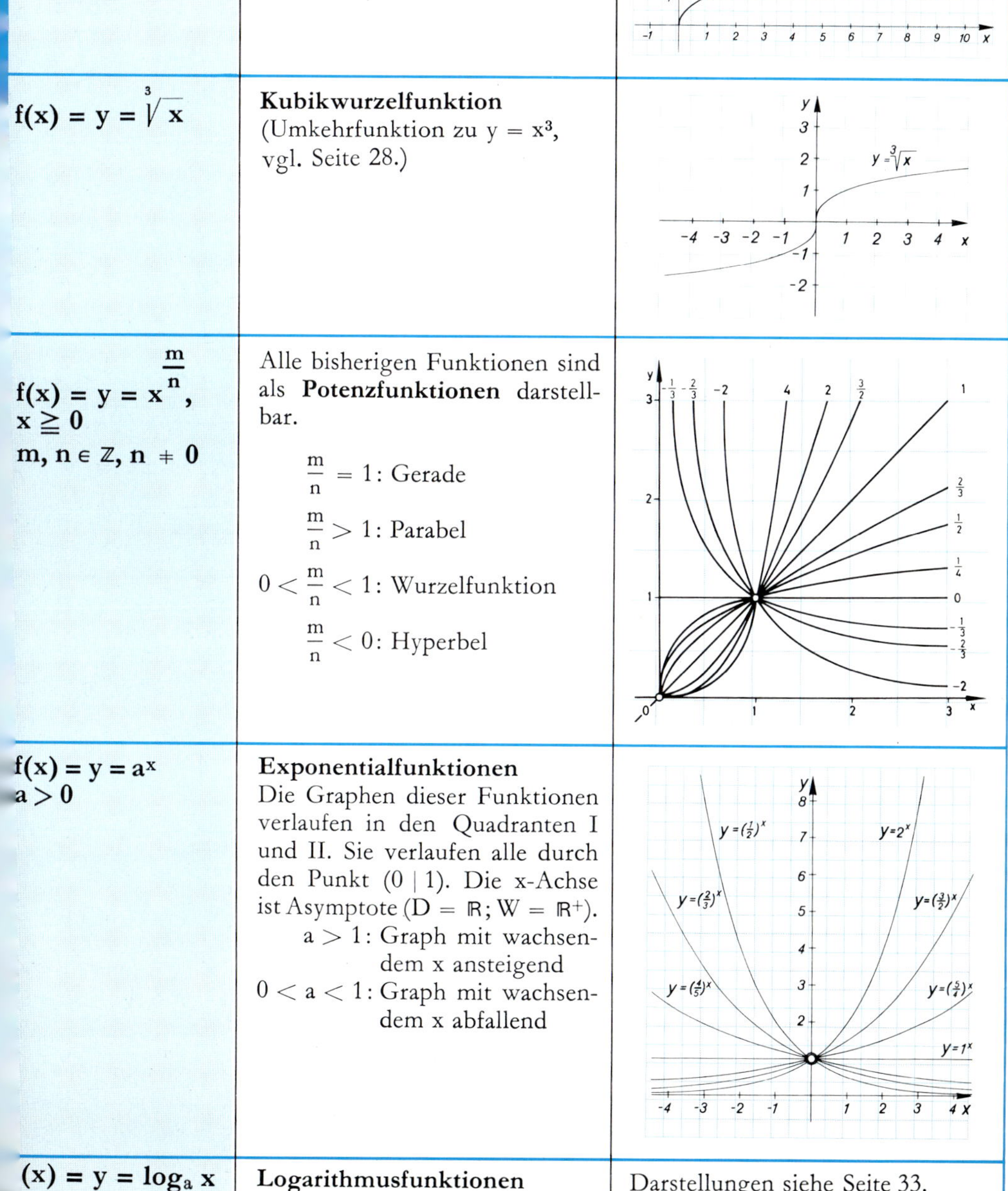
$f(x) = y = a^x$ **$a > 0$**	**Exponentialfunktionen** Die Graphen dieser Funktionen verlaufen in den Quadranten I und II. Sie verlaufen alle durch den Punkt (0 | 1). Die x-Achse ist Asymptote ($D = \mathbb{R}; W = \mathbb{R}^+$). $a > 1$: Graph mit wachsendem x ansteigend $0 < a < 1$: Graph mit wachsendem x abfallend	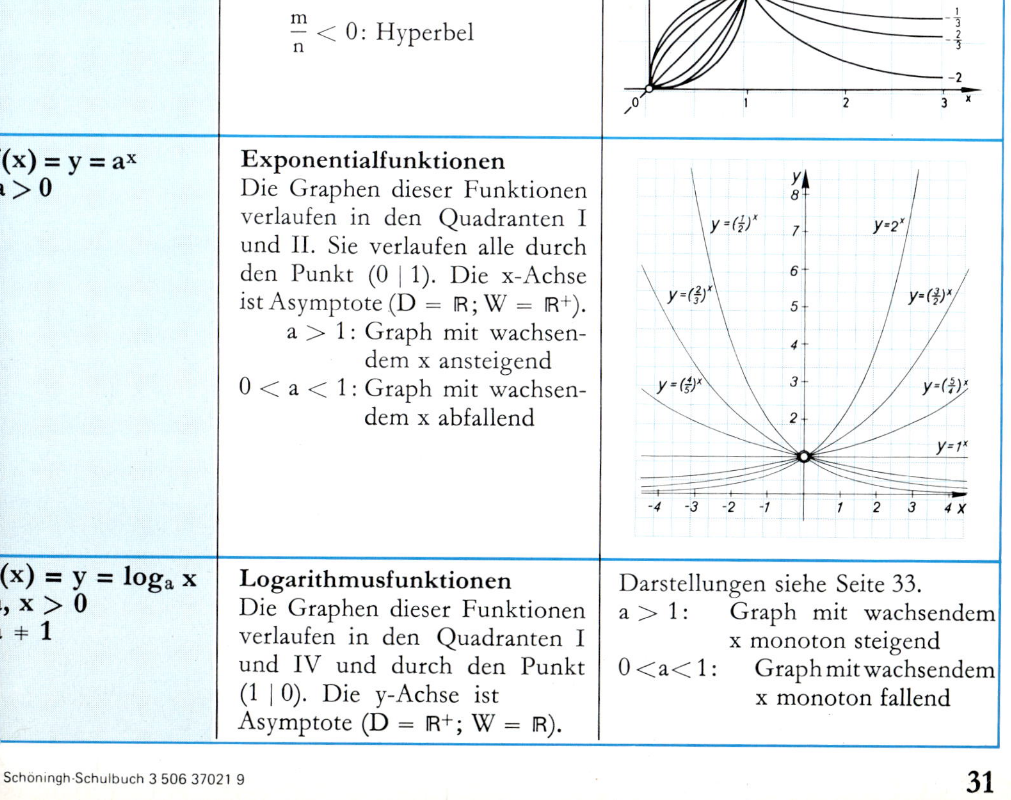
$f(x) = y = \log_a x$ **$a, x > 0$** **$a \neq 1$**	**Logarithmusfunktionen** Die Graphen dieser Funktionen verlaufen in den Quadranten I und IV und durch den Punkt (1 | 0). Die y-Achse ist Asymptote ($D = \mathbb{R}^+; W = \mathbb{R}$).	Darstellungen siehe Seite 33. $a > 1$: Graph mit wachsendem x monoton steigend $0 < a < 1$: Graph mit wachsendem x monoton fallend

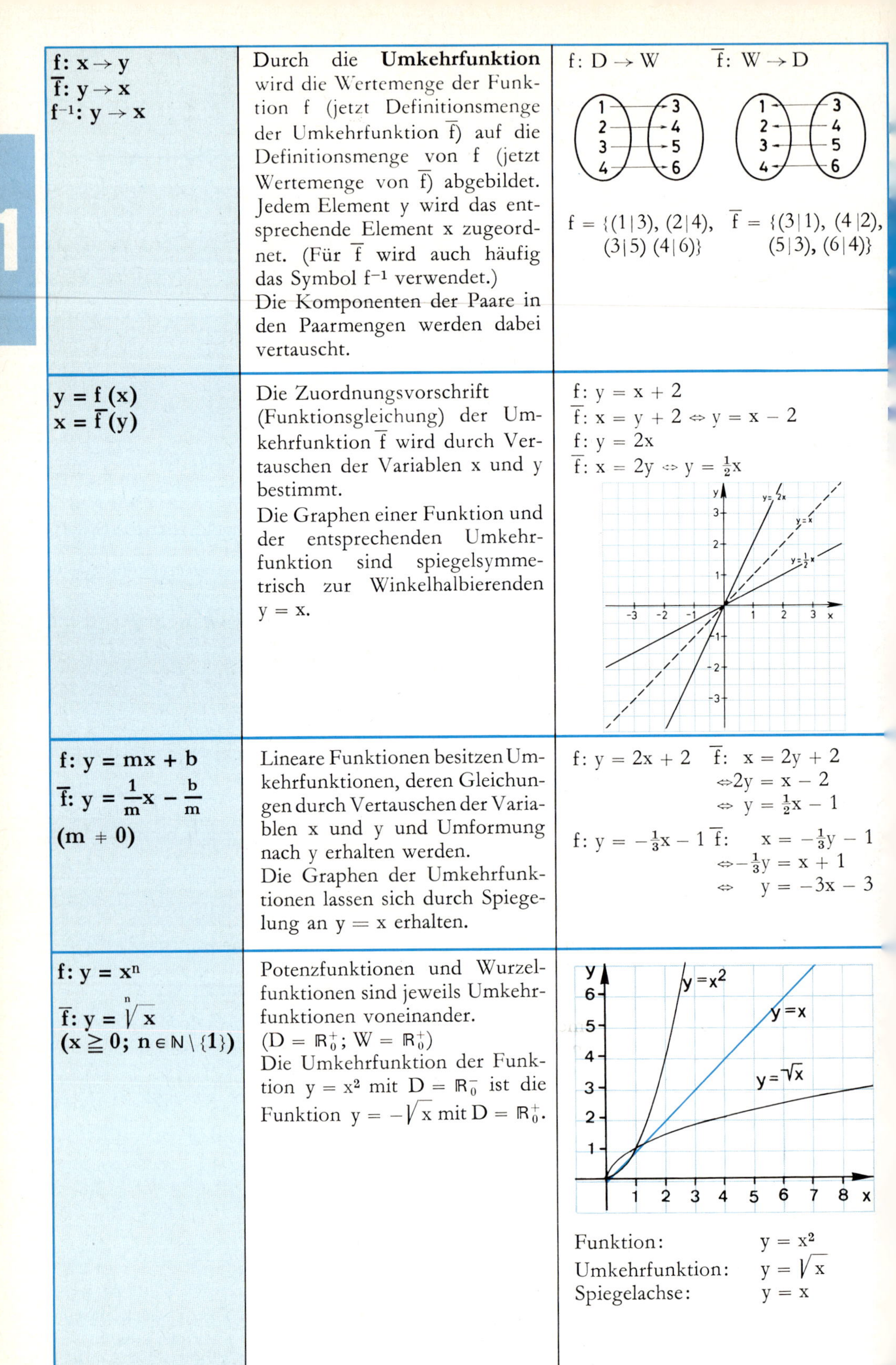

$f: x \rightarrow y$ $\overline{f}: y \rightarrow x$ $f^{-1}: y \rightarrow x$	Durch die **Umkehrfunktion** wird die Wertemenge der Funktion f (jetzt Definitionsmenge der Umkehrfunktion $\overline{f}$) auf die Definitionsmenge von f (jetzt Wertemenge von $\overline{f}$) abgebildet. Jedem Element y wird das entsprechende Element x zugeordnet. (Für $\overline{f}$ wird auch häufig das Symbol f^{-1} verwendet.) Die Komponenten der Paare in den Paarmengen werden dabei vertauscht.	$f: D \rightarrow W$ $\qquad \overline{f}: W \rightarrow D$ $f = \{(1\|3), (2\|4), (3\|5)\ (4\|6)\}$ $\qquad \overline{f} = \{(3\|1), (4\|2), (5\|3), (6\|4)\}$
$y = f(x)$ $x = \overline{f}(y)$	Die Zuordnungsvorschrift (Funktionsgleichung) der Umkehrfunktion $\overline{f}$ wird durch Vertauschen der Variablen x und y bestimmt. Die Graphen einer Funktion und der entsprechenden Umkehrfunktion sind spiegelsymmetrisch zur Winkelhalbierenden $y = x$.	$f: y = x + 2$ $\overline{f}: x = y + 2 \Leftrightarrow y = x - 2$ $f: y = 2x$ $\overline{f}: x = 2y \Leftrightarrow y = \frac{1}{2}x$
$f: y = mx + b$ $\overline{f}: y = \frac{1}{m}x - \frac{b}{m}$ $(m \neq 0)$	Lineare Funktionen besitzen Umkehrfunktionen, deren Gleichungen durch Vertauschen der Variablen x und y und Umformung nach y erhalten werden. Die Graphen der Umkehrfunktionen lassen sich durch Spiegelung an $y = x$ erhalten.	$f: y = 2x + 2$ $\quad \overline{f}: x = 2y + 2$ $\Leftrightarrow 2y = x - 2$ $\Leftrightarrow y = \frac{1}{2}x - 1$ $f: y = -\frac{1}{3}x - 1$ $\quad \overline{f}: x = -\frac{1}{3}y - 1$ $\Leftrightarrow -\frac{1}{3}y = x + 1$ $\Leftrightarrow y = -3x - 3$
$f: y = x^n$ $\overline{f}: y = \sqrt[n]{x}$ $(x \geqq 0;\ n \in \mathbb{N} \setminus \{1\})$	Potenzfunktionen und Wurzelfunktionen sind jeweils Umkehrfunktionen voneinander. $(D = \mathbb{R}_0^+;\ W = \mathbb{R}_0^+)$ Die Umkehrfunktion der Funktion $y = x^2$ mit $D = \mathbb{R}_0^-$ ist die Funktion $y = -\sqrt{x}$ mit $D = \mathbb{R}_0^+$.	Funktion: $y = x^2$ Umkehrfunktion: $y = \sqrt{x}$ Spiegelachse: $y = x$

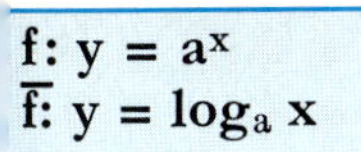
$f: y = a^x$
$\bar{f}: y = \log_a x$

Exponentialfunktionen und Logarithmusfunktionen bilden jeweils zueinander Umkehrfunktionen.

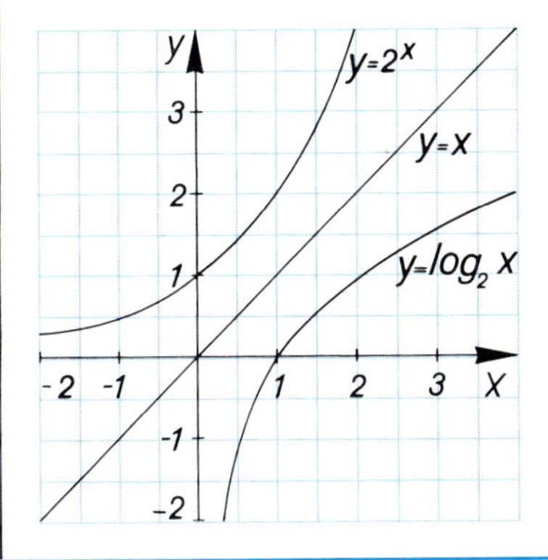

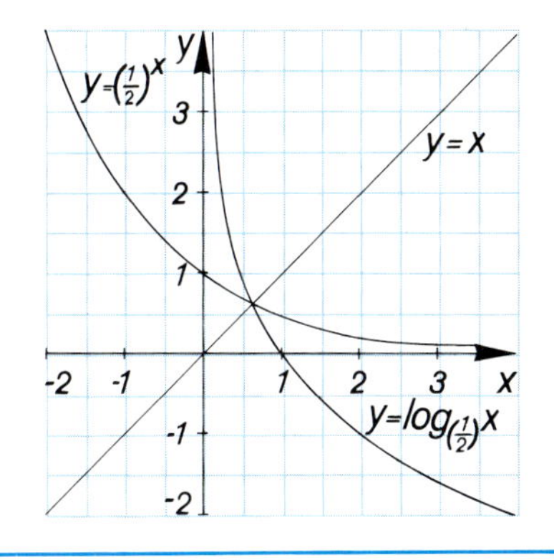

1.10 Lineare Gleichungen und Ungleichungen

Aussage	Aussagesätze, deren Inhalt eindeutig nachprüfbar ist, heißen **Aussagen**. Eine Aussage kann entweder **wahr** (w) oder **falsch** (f) sein (vgl. Kap. 0.1.).	Bonn liegt am Rhein. (w) Köln liegt an der Donau. (f) London is the capital of England. (w) 9 ist eine gerade Zahl. (f) $13 + 15 = 28$ (w) $18 - 7 > 11$ (f)
Variable	**Platzhalter** oder **Variable** werden durch Figuren oder Buchstaben kenntlich gemacht (vgl. Kap. 0.1.).	□, ○, △, ..., a, b, c, ... x, y, z, ..., α, β, γ, ...
Aussageform	Eine **Aussageform** ist ein Satz mit einer oder mehreren Variablen (Platzhaltern). Bei Einsetzungen für die Platzhalter (Variablen) ergeben sich wahre oder falsche Aussagen (vgl. Kap. 0.1.).	$3 + \triangle = 8$: 5 für △ (w) 1, 2, 3, 4, 6, 7, 8, ... für △ (f) $x + 5 < 12$: 1, 2, 3, 4, 5, 6 für x (w) 7, 8, 9, 10, ... für x (f)
Zweistellige Aussageformen	Aussageformen mit zwei Variablen werden **zweistellige Aussageformen** genannt.	$x + y = 10$: $x = 1$ und $y = 9$ (w) $x = 2$ und $y = 8$ (w) $x = 2$ und $y = 9$ (f) $x = 3$ und $y = 8$ (f) $x = 3$ und $y = 7$ (w)
Lösungsmenge L	Einsetzungen, die zu einer wahren Aussage führen, heißen Lösungen. Die Gesamtheit der Lösungen wird als **Lösungsmenge L** bezeichnet. Bei zweistelligen Aussageformen ergibt sich eine Paarmenge als Lösungsmenge.	$3 < x + 7 < 11$, $L = \{-3, -2, -1, 0, 1, 2, 3\}$ $4y + 3 = 15$, $L = \{3\}$ $6z - 4 = 2z$, $L = \{\ \}$ $x + y = 10$, $L = \{(1 \mid 9), (2 \mid 8), (3 \mid 7), (4 \mid 6), (5 \mid 5), (6 \mid 4), (7 \mid 3), (8 \mid 2), (9 \mid 1)\}$

Grundmenge G	Wird für die Lösungen einer Aussageform eine Vorauswahl getroffen, so nennt man die zur Verfügung stehende Menge **Grundmenge G**. Die Lösungsmenge ist eine Teilmenge der jeweiligen Grundmenge ($L \subseteq G$). Bei veränderter Grundmenge kann sich auch die Lösungsmenge ändern.	$4x + 3 = 4,\ G = \mathbb{N} \Rightarrow L = \{\ \}$ $L = \{x \mid 4x + 3 = 4\}_{\mathbb{N}} = \{\ \}$ $4x + 3 = 4,\ G = \mathbb{Q} \Rightarrow L = \{\frac{1}{4}\}$ $L = \{x \mid 4x + 3 = 4\}_{\mathbb{Q}} = \{\frac{1}{4}\}$ $x^2 - 4 = 0$ $G_1 = \mathbb{N} \Rightarrow L_1 = \{2\}$ $G_2 = \mathbb{Z} \Rightarrow L_2 = \{2, -2\}$
Formel	Ist die Lösungsmenge gleich der Grundmenge, so heißt die Aussageform **allgemeingültig** bezüglich der Grundmenge. Die bezüglich einer Grundmenge allgemeingültige Aussageform heißt auch **Formel** in der Grundmenge.	$2(x - 1) = 2x - 2,\ G = \mathbb{R}$ $\Rightarrow L = \mathbb{R}$ $(a + b)^2 = a^2 + 2ab + b^2,\ G = \mathbb{R}$ $\Rightarrow L = \mathbb{R}$
Term T	Ein Ausdruck, der aus Zahlen, Variablen oder Summen und Produkten von Zahlen mit Variablen besteht, heißt **Term T** (vgl. Kap. 0.1.).	$-3, 5, x, y, \ldots$ $-3x, -3y, 5x, 5y, \ldots$ $x + 5, y - 3, -x + 5, -x - 3, \ldots$ $3x + 5, 5y - 3, 3x - 2y, \ldots$ $(x - 2)2y, (x - 4)^2, (x - 1)(y + 2), \ldots$
Äquivalenz $\Leftrightarrow$	Zwei Aussageformen heißen bezüglich einer Grundmenge G **äquivalent**, wenn ihre Lösungsmengen in G übereinstimmen (vgl. Kap. 0.1.).	$L_1 = \{x \mid 3x - 1 = 2x + 4\}_{\mathbb{N}}$ $= \{5\}$ $L_2 = \{x \mid 3x = 2x + 5\}_{\mathbb{N}} = \{5\}$ $L_3 = \{x \mid x = 5\}_{\mathbb{N}} = \{5\}$ $L_1 = L_2 = L_3$
$\mathbf{T_1 \leqq T_2}$ $\mathbf{\Leftrightarrow T_1 \pm T_3 \leqq T_2 \pm T_3}$	**Gleichungen** und **Ungleichungen** (Aussageformen) können durch Addition oder Subtraktion des gleichen Terms auf beiden Seiten des Relationszeichens in äquivalente Aussageformen umgeformt werden. Bei einer Gleichung (Ungleichung) $T_1 = T_2$ ($T_1 < T_2$) ändert sich die Lösungsmenge nicht, wenn man zu T_1 und T_2 denselben Term T_3 addiert.	$L = \{x \mid 2x + 5 = x + 17\}_{\mathbb{N}} = \{12\}$ NR: $2x + 5 = x + 17 \quad -x$ $\Leftrightarrow x + 5 = 17 \quad -5$ $\Leftrightarrow x = 12$ $L = \{x \mid 3x - 4 < 2x + 1\}_{\mathbb{N}}$ $= \{1, 2, 3, 4\}$ NR: $3x - 4 < 2x + 1 \quad -2x$ $\Leftrightarrow x - 4 < 1 \quad +4$ $\Leftrightarrow x < 5$
$\mathbf{T_1 = T_2,\ T_3 \neq 0}$ $\mathbf{\Leftrightarrow T_1 \cdot T_3 = T_2 \cdot T_3}$	Auf beiden Seiten einer Gleichung darf mit einem Term, der bei Einsetzungen für die Variable nicht den Wert 0 annimmt, multipliziert bzw. dividiert werden, um äquivalente Gleichungen zu erhalten.	$L = \{x \mid 4(3x - 1) + 3(x - 2) =$ $= 5(6x - 8)\}_{\mathbb{Q}} = \{2\}$ NR: $4(3x - 1) + 3(x - 2)$ $= 5(6x - 8)$ $\Leftrightarrow 12x - 4 + 3x - 6$ $= 30x - 40$ $\Leftrightarrow 15x - 10 = 30x - 40 \quad -30x$ $\Leftrightarrow -15x - 10 = -40 \quad +10$ $\Leftrightarrow -15x = -30 \quad :(-15)$ $\Leftrightarrow x = 2$

$T_1 < T_2, T_3 > 0$ $\Leftrightarrow T_1 \cdot T_3 < T_2 \cdot T_3$	Bei Ungleichungen darf man nur dann auf beiden Seiten mit dem gleichen Term multiplizieren bzw. dividieren, wenn dieser nach Einsetzungen für die Variable einen positiven Wert besitzt.	$L = \{x \mid 5x - 1 < x + 7\}_{\mathbb{N}_0} = \{0, 1\}$ NR: $5x - 1 < x + 7$ $\Leftrightarrow 4x - 1 < 7$ $\quad -x$ $\Leftrightarrow 4x < 8$ $\quad +1$ $\Leftrightarrow x < 2$ $\quad :4$
$T_1 < T_2, T_3 < 0$ $\Leftrightarrow T_1 \cdot T_3 > T_2 \cdot T_3$	Werden Ungleichungen mit einem Term, der nach Einsetzungen für die Variable einen negativen Wert besitzt, multipliziert bzw. dividiert, muß das Relationszeichen umgekehrt werden. (**Inversionsgesetz**)	$L = \{x \mid 4(2x - 6) > 5(3x + 1)\}_{\mathbb{Z}}$ $= \{-5, -6, -7, -8, \ldots\}$ NR: $4(2x - 6) > 5(3x + 1)$ $\Leftrightarrow 8x - 24 > 15x + 5$ $\quad -15x$ $\Leftrightarrow -7x - 24 > 5$ $\quad +24$ $\Leftrightarrow -7x > 29$ $\quad :(-7)$ $\Leftrightarrow x < -4\frac{1}{7}$

1.11 Gleichungs- und Ungleichungssysteme

Konjunktion $\wedge$	Werden zwei Aussageformen durch **Konjunktion** $\wedge$ verknüpft, so sollen die Lösungen bestimmt werden, die Lösungen der einen und zugleich Lösungen der anderen Aussageform sind (vgl. Kap. 0.1.). Die Lösungsmenge der verknüpften Aussageformen ergibt sich als Durchschnittsmenge der Lösungsmengen der einzelnen Aussageformen $x \in L_1 \wedge x \in L_2 \Rightarrow x \in L_1 \cap L_2$.	$L = \{x \mid 2x + 5 < 13 \wedge -5 < x < 11\}_{\mathbb{Z}}$ $L_1 = \{x \mid 2x + 5 < 13\}_{\mathbb{Z}} =$ $= \{3, 2, 1, 0, -1, -2, \ldots\}$ $L_2 = \{x \mid -5 < x < 11\}_{\mathbb{Z}} =$ $= \{-4, -3, -2, \ldots, 9, 10\}$ $L = L_1 \cap L_2 =$ $= \{-4, -3, -2, -1, 0, 1, 2, 3\}$
Disjunktion $\vee$	Werden zwei Aussageformen durch **Disjunktion** $\vee$ verknüpft, so sollen die Lösungen der einen oder der anderen oder beider Aussageformen bestimmt werden. Die Lösungsmenge der verknüpften Aussageformen ergibt sich als Vereinigungsmenge der Lösungsmengen der einzelnen Aussageformen (vgl. Kap. 0.1.).	$L = \{x \mid 3x + 7 < 19 \vee 3 \leqq x \leqq 7\}_{\mathbb{N}}$ $L_1 = \{x \mid 3x + 7 < 19\}_{\mathbb{N}}$ $= \{1, 2, 3\}$ $L_2 = \{x \mid 3 \leqq x \leqq 7\}_{\mathbb{N}}$ $= \{3, 4, 5, 6, 7\}$ $L = L_1 \cup L_2 = \{1, 2, 3, 4, 5, 6, 7\}$
$y = a_1x + b_1$ $\wedge y = a_2x + b_2$	Sind zwei Gleichungen mit 2 Variablen durch Konjunktion verknüpft, spricht man von einem **Gleichungssystem**.	$4x - y = 2$ $\wedge 3x + 3y = 9$ $G = \mathbb{Q} \times \mathbb{Q}$
Additionsverfahren $a_1x + b_1y = c_1$ $\wedge a_2x - b_1y = c_2$ $\Rightarrow (a_1 + a_2)x$ $= c_1 + c_2$	Beim **Additionsverfahren** werden beide Gleichungen so umgeformt, daß die Koeffizienten einer Variablen Gegenzahlen bilden. Bei der Addition beider Gleichungen wird dann eine Variable eliminiert.	$12x - 3y = 6$ $\wedge 3x + 3y = 9$ $15x = 15$ $x = 1$ $4 \cdot 1 - y = 2$ $-y = -2$ $y = 2$ $L = \{(1 \mid 2)\}$

Einsetzungsverfahren $y = a_1x + b_1$ $\wedge\, a_2x + b_2y = c_2$ $\Rightarrow a_2x + b_2$ $(a_1x + b_1)$ $= c_2$	Beim **Einsetzungsverfahren** wird in einer Gleichung eine Variable isoliert. Der sich ergebende Term wird für die betreffende Variable in die andere Gleichung eingesetzt.	Einsetzungsverfahren: $y = 4x - 2$ $\wedge\; 3x + 3y = 9$ $3x + 3\,(4x - 2) = 9$ $3x + 12x - 6 = 9$ $15x - 6 = 9$ $15x = 15$ $x = 1$ $y = 4 - 2$ $y = 2$ $L = \{(1 \mid 2)\}$
Gleichsetzungsverfahren $y = a_1x + b_1$ $\wedge\, y = a_2x + b_2$ $\Rightarrow a_1x + b_1$ $= a_2x + b_2$	Beim **Gleichsetzungsverfahren** nutzt man die Tatsache aus, daß für die Lösung die Einsetzungen für x und y übereinstimmen müssen, und setzt deshalb nach Umformen beider Gleichungen nach derselben Variablen die beiden anderen Terme gleich.	$4x - y = 2 \;\Leftrightarrow\; y = 4x - 2$ $\wedge\, 3x + 3y = 9 \quad \wedge\, y = 3 - x$ $\Rightarrow 4x - 2 = 3 - x$ $5x - 2 = 3$ $5x = 5$ $x = 1,\; y = 3 - 1 = 2$ $L = \{(1 \mid 2)\}$
Determinantenverfahren $a_1x + b_1y = c_1$ $\wedge\, a_2x + b_2y = c_2$ $\Rightarrow x = \frac{D_1}{D}$ $\Rightarrow y = \frac{D_2}{D}$ $(D \neq 0)$	Das **Determinantenverfahren** ist eine rationelle Methode zur Lösung eines Gleichungssystems. Unter den **Determinanten** versteht man die Terme: $D = \begin{vmatrix} a_1 & b_1 \\ a_2 & b_2 \end{vmatrix} = a_1b_2 - a_2b_1$ $D_1 = \begin{vmatrix} c_1 & b_1 \\ c_2 & b_2 \end{vmatrix} = c_1b_2 - c_2b_1$ $D_2 = \begin{vmatrix} a_1 & c_1 \\ a_2 & c_2 \end{vmatrix} = a_1c_2 - a_2c_1$ (Für $D = 0$ und $D_1, D_2 = 0 \Rightarrow L = G$; für $D = 0$ und $D_1, D_2 \neq 0 \Rightarrow L = \{\ \}$).	$4x - y = 2$ $\wedge\, 3x + 3y = 9$ $D = \begin{vmatrix} 4 & -1 \\ 3 & 3 \end{vmatrix} = 12 + 3 = 15$ $D_1 = \begin{vmatrix} 2 & -1 \\ 9 & 3 \end{vmatrix} = 6 + 9 = 15$ $D_2 = \begin{vmatrix} 4 & 2 \\ 3 & 9 \end{vmatrix} = 36 - 6 = 30$ $x = \frac{D_1}{D} = \frac{15}{15} = 1$ $y = \frac{D_2}{D} = \frac{30}{15} = 2$
Graphische Lösungsverfahren	Beide Gleichungen werden nach y umgeformt und als Funktionsgleichungen aufgefaßt. Nach dem Zeichnen der einzelnen Graphen erhält man die Lösung als Schnittpunkt (Zahlenpaar) der beiden Graphen.	① $y = 4x - 2$ ② $\wedge\, y = 3 - x \quad L = \{(1 \mid 2)\}$ 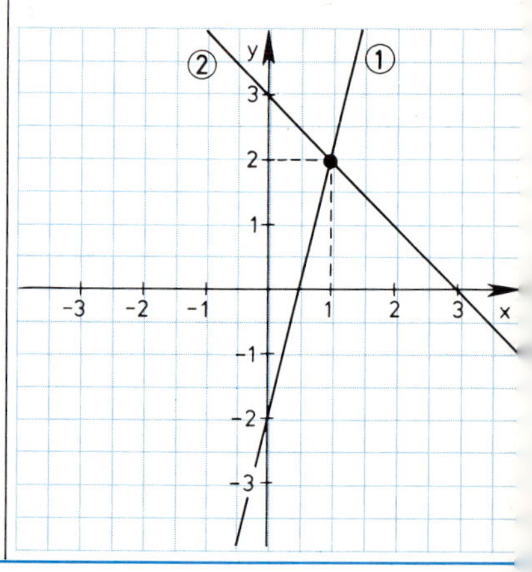

Ungleichungssysteme	Ungleichungssysteme lassen sich graphisch lösen, indem für jede Ungleichung der Graph als **Halbebene** dargestellt wird. Der Durchschnitt der durch die jeweiligen Ungleichungen bestimmten Halbebenen ergibt die Lösungsmenge des Systems (als Punktmenge).	$x + 4y \geqq -8 \Leftrightarrow y \geqq -\frac{1}{4}x - 2$ $\wedge\ 3y - 2x \leqq 6 \quad \wedge\ y \leqq 2 + \frac{2}{3}x$ 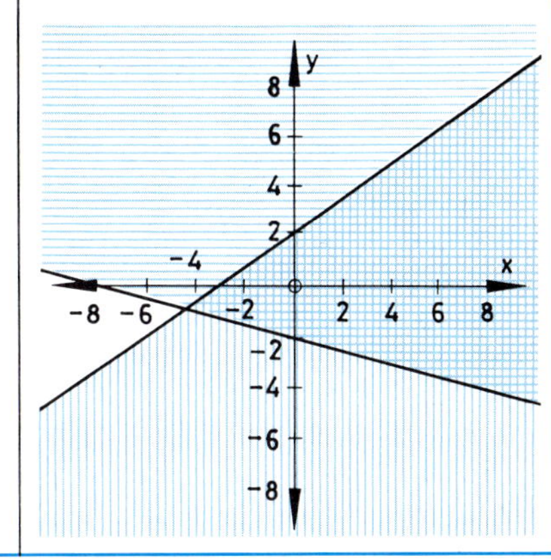

1.12 Quadratische Gleichungen

$\mathbf{x^2 + px + q = 0}$	Die **Normalform** (Grundform) einer **quadratischen Gleichung**, in der die Variable als Quadrat ohne Koeffizient auftritt, läßt sich stets durch Umformung der jeweiligen quadratischen Gleichung gewinnen.	$x\ (x - 3) = 28$ $\Leftrightarrow x^2 - 3x = 28$ $\Leftrightarrow x^2 - 3x - 28 = 0$ $3x^2 - 48x + 45 = 0$ $\Leftrightarrow x^2 - 16x + 15 = 0$
$\left(x + \frac{p}{2}\right)^2 = \left(\frac{p}{2}\right)^2 - q$	Aus der Normalform einer quadratischen Gleichung kann durch **quadratische Ergänzung** zu einer binomischen Formel die Lösung erhalten werden. $x^2 + px + q = 0$ $\Leftrightarrow x^2 + px + \left(\frac{p}{2}\right)^2 = \left(\frac{p}{2}\right)^2 - q$ $\Leftrightarrow \left(x + \frac{p}{2}\right)^2 = \left(\frac{p}{2}\right)^2 - q$	$x^2 + 6x + 6 = 0$ $\Leftrightarrow x^2 + 6x + 3^2 = 3^2 - 6$ $\Leftrightarrow (x + 3)^2 = 3$ $x^2 - 3x = 28$ $\Leftrightarrow x^2 - 3x + (\frac{3}{2})^2 = 28 + (\frac{3}{2})^2$ $\Leftrightarrow (x - \frac{3}{2})^2 = \frac{112}{4} + \frac{9}{4} = \frac{121}{4}$
$\left(\frac{p}{2}\right)^2 - q > 0$ $\Rightarrow x_1 = -\frac{p}{2} + \sqrt{\left(\frac{p}{2}\right)^2 - q}$ $x_2 = -\frac{p}{2} - \sqrt{\left(\frac{p}{2}\right)^2 - q}$	Es ergeben sich zwei verschiedene Lösungen x_1 und x_2, wenn der Term $\left(\frac{p}{2}\right)^2 - q > 0$, **Diskriminante** genannt, positiv ist.	$x^2 + 6x + 8 = 0$ $\Rightarrow x_1 = -3 + \sqrt{9 - 8} = -3 + 1 = -2$ $x_2 = -3 - \sqrt{9 - 8} = -3 - 1 = -4$ $L = \{-2, -4\}$
$\left(\frac{p}{2}\right)^2 - q = 0$	Hat die Diskriminante den Wert 0, ergeben sich zwei gleiche Lösungen (Doppellösung). Die Gleichung läßt sich dann in der Form $\left(x + \frac{p}{2}\right)^2 = 0$ schreiben.	$x^2 - 16x + 64 = 0$ $\Rightarrow x_1 = 8 + \sqrt{64 - 64} = 8$ $x_2 = 8 - \sqrt{64 - 64} = 8$ $L = \{8, 8\}$ $x^2 - 16x + 64 = (x - 8)^2$

$\left(\frac{p}{2}\right)^2 - q < 0$	Hat die Diskriminante einen negativen Wert, ist die Gleichung in der Menge ℝ der reellen Zahlen nicht lösbar. (Hier ist die Erweiterung des Zahlenbereichs zur Menge der komplexen Zahlen ℂ notwendig.)	$x^2 - 2x + 4 = 0$ $\Rightarrow x_1 = 1 + \sqrt{1-4} \quad = 1 + \sqrt{-3}$ $x_2 = 1 - \sqrt{1-4} \quad = 1 - \sqrt{-3}$ $G = \mathbb{R} \Rightarrow L = \{\ \}$
$x_1 + x_2 = -p$ $x_1 \cdot x_2 = q$	**Satz von Vieta:** Die Summe der Lösungen einer quadratischen Gleichung ergibt den negativen Koeffizienten des linearen Summanden der Normalform und das Produkt der beiden Lösungen die Konstante.	$x_1 = 5, x_2 = 2$ $\Rightarrow x_1 + x_2 = 7 \Rightarrow \quad p = -7$ $x_1 \cdot x_2 = 10 \qquad q = \ \ 10$ $\Leftrightarrow x^2 - 7x + 10 = 0$ $x_1 = 1, x_2 = -4$ $\Rightarrow x_1 + x_2 = -3 \Rightarrow p = \ \ 3$ $x_1 \cdot x_2 = -4 \qquad q = -4$ $\Leftrightarrow x^2 + 3x - 4 = 0$
$(x - x_1)(x - x_2) =$ $= 0$	Jede quadratische Gleichung mit den Lösungen x_1 und x_2 läßt sich als Produkt von **Linearfaktoren** darstellen.	$x_1 = 5, x_2 = 2$ $\Rightarrow (x-5)(x-2) =$ $= x^2 - 5x - 2x + 10 =$ $= x^2 - 7x + 10 = 0$ $x^2 + 3x - 4 = 0$ $\Rightarrow (x-1)(x+4) = 0$ $\Rightarrow x - 1 = 0 \vee x + 4 = 0$ $\Rightarrow x_1 = 1, x_2 = -4, L = \{1, -4\}$
Graphische Lösungsmethoden	**Lösungsverfahren 1** Die Normalform einer quadratischen Gleichung wird als Funktionsgleichung geschrieben. Diese wiederum wird so umgeformt, daß der **Scheitelpunkt** der Normalparabel (vgl. 1.09.) entnommen werden kann. Nach dem Zeichnen der Normalparabel stellen die Schnittpunkte mit der x-Achse (Nullstellen) die Lösungen dar. **Lösungsverfahren 2** Man schreibt die quadratische Gleichung in der Form $x^2 = -px - q$ und betrachtet die beiden Funktionen $y = x^2$ und $y = -px - q$. Nach dem Zeichnen beider Graphen (Normalparabel und Gerade) ergeben die x-Werte (Abszissen) der Schnittpunkte die Lösungen der ursprünglichen quadratischen Gleichung.	$x^2 - 4x + 3 = 0$ $y = x^2 - 4x + 3$ $\Leftrightarrow y = x^2 - 4x + 2^2 + 3 - 2^2$ $\Leftrightarrow y = (x-2)^2 - 1 \Rightarrow S\,(2 \mid -1)$ $L = \{1, 3\}$ 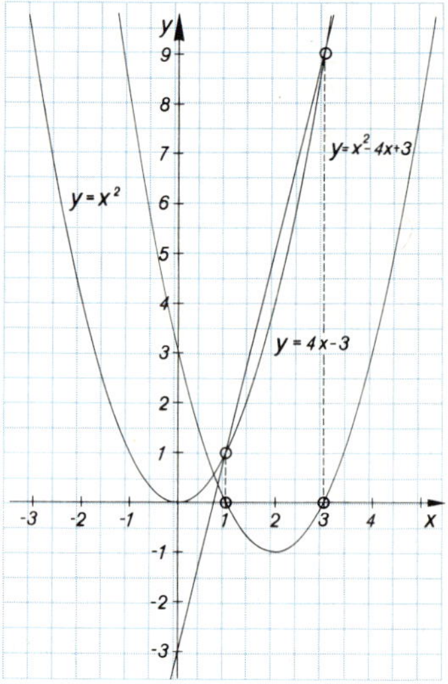 $x^2 - 4x + 3 = 0$ $\Leftrightarrow \qquad x^2 = 4x - 3$ $y_1 = x^2,\ y_2 = 4x - 3 \quad L = \{1, 3\}$

1.13 Folgen, Reihen, Zinseszinsrechnung

$a_1, a_2, a_3, a_4, \ldots$ $a_2 = a_1 + d$ $a_3 = a_1 + 2d$ $a_4 = a_1 + 3d$ $\ldots$ $d = a_{n+1} - a_n$	**Arithmetische Folge** In einer arithmetischen Folge geht jedes Glied aus dem vorhergehenden durch Addition eines bestimmten Summanden d hervor ($a_1 \neq 0$; $n \in \mathbb{N}$).	2, 7, 12, 17, 22, 27, ... 1, 4, 7, 10, 13, 16, 19, ... 50, 43, 36, 29, 22, 15, 8, 1, –6, ...
$a_1 + a_2 + a_3 + \ldots$	**Arithmetische Reihe** Die unausgerechnete Summe der arithmetischen Folge heißt arithmetische Reihe.	$2 + 7 + 12 + 17 + 22 + 27 + \ldots$ $1 + 4 + 7 + 10 + 13 + 16 + 19 + \ldots$
$d > 0$	Ist der Summand positiv, handelt es sich um eine **steigende** Folge.	2, 6, 10, 14, 18, ...
$d < 0$	Ist der Summand negativ, handelt es sich um eine **fallende** Folge.	30, 26, 22, 18, 14, 10, ...
$a_n = a_1 + (n - 1)d$	**Endgliedformel** der arithmetischen Folge oder Reihe.	$a_1 = 4$, $d = 5$ $\Rightarrow a_2 = 4 + 1 \cdot 5 = 9$ $a_3 = 4 + 2 \cdot 5 = 14$ $a_4 = 4 + 3 \cdot 5 = 19$ $a_8 = 4 + 7 \cdot 5 = 39$ $a_{15} = 4 + 14 \cdot 5 = 74$ $a_{50} = 4 + 49 \cdot 5 = 249$
$a_n = \frac{a_{n-1} + a_{n+1}}{2}$	**Arithmetisches Mittel** Jedes Glied einer arithmetischen Reihe ist das arithmetische Mittel der Nachbarglieder.	$a_3 = 9$ $a_5 = 19$ $\Rightarrow a_4 = \frac{9 + 19}{2} = 14$ $a_{10} = 321$ $a_{12} = 383$ $\Rightarrow a_{11} = \frac{321 + 383}{2} = 352$
$s_n = \frac{n}{2}(a_1 + a_n)$	**Summenformel** der arithmetischen Folge oder Reihe.	$5 + 8 + 11 + 14 + 17 + 20 = 75$ $s_6 = \frac{6}{2}(5 + 20) = 3 \cdot 25 = 75$ Summe der Zahlen von 1 bis 100: $s_{100} = \frac{100}{2}(1 + 100) = 5050$
a_1, $a_2 = a_1 \cdot q^1$ $a_3 = a_1 \cdot q^2$ $a_4 = a_1 \cdot q^3 \ldots$ $q = \frac{a_{n+1}}{a_n}$	**Geometrische Folge** In einer geometrischen Folge geht jedes Glied aus dem vorhergehenden durch Multiplikation mit dem gleichen Faktor hervor.	2, 4, 8, 16, 32, 64, ... 2, 6, 18, 54, 162, 486, ... 729, 243, 81, 27, 9, 3, 1, $\frac{1}{3}$, ... ($a_1 \neq 0$; $q \neq 0$; $n \in \mathbb{N}$)
$a_1 + a_1q + a_2q^2 + \ldots$	**Geometrische Reihe** Die unausgerechnete Summe einer geometrischen Folge heißt geometrische Reihe.	$2 + 4 + 8 + 16 + 32 + \ldots$ $2 + 6 + 18 + 54 + 162 + \ldots$
$q > 1$ $a_1 > 0$	Ist das Anfangsglied a_1 positiv und ist der Faktor q größer als 1, handelt es sich um eine **steigende** Folge.	1, 3, 9, 27, 81, ... $q = 3$

$0 < q < 1$ $a_1 > 0$	Ist das Anfangsglied a_1 positiv und der Faktor q positiv und kleiner als 1, handelt es sich um eine **fallende** Folge.	256, 128, 64, 32, 16, ... $q = \frac{1}{2}$
$q < 0$	Ist der Faktor negativ, wird die Folge als **alternierend** bezeichnet.	$+3, -6, +12, -24, +48, \ldots$ $-2, +6, -18, +54, -162, \ldots$ $+256, -128, +64, -32, +16, -8, \ldots$
$a_n = a_1 q^{n-1}$	**Endgliedformel** der geometrischen Folge oder Reihe.	$a_1 = 8, q = 5, n = 7$ $\Rightarrow a_7 = 8 \cdot 5^6 = 125000$
$a_1 = \frac{a_n}{q^{n-1}}$	Formel zur Berechnung des Anfangsgliedes a_1	$q = 2, n = 5, a_n = 80$ $\Rightarrow a_1 = \frac{80}{2^4} = \frac{80}{16} = 5$
$q = \sqrt[n-1]{\frac{a_n}{a_1}}$ $(n \geqq 3)$	Formel zur Berechnung des Faktors q	$a_1 = 10, n = 6, a_n = \frac{5}{16}$ $\Leftrightarrow q = \sqrt[5]{\frac{5}{16 \cdot 10}} = \sqrt[5]{\frac{1}{32}} = \frac{1}{2}$
$n = \frac{\lg a_n - \lg a_1}{\lg q} + 1$ $(q > 0)$	Formel zur Berechnung der Gliederzahl n	$a_1 = 6, a_n = 6144, q = 2$ $\Rightarrow n = \frac{\lg 6144 - \lg 6}{\lg 2} + 1 =$ $= \frac{3{,}7885 - 0{,}7782}{0{,}3010} + 1$ $= \frac{3{,}0103}{0{,}3010} + 1 = 10 + 1 = 11$
$a_n = \sqrt{a_{n-1} \cdot a_{n+1}}$	**Geometrisches Mittel** Jedes Glied einer geometrischen Reihe ist die mittlere Proportionale bzw. das geometrische Mittel seiner Nachbarglieder.	$a_3 = 12, a_5 = 48$ $\Rightarrow a_4 = \sqrt{12 \cdot 48} = \sqrt{576} = 24$
$s_n = \frac{a_1(q^n - 1)}{q - 1}$ $\lvert q \rvert > 1$	**Summenformel** einer geometrischen Folge oder Reihe für $\lvert q \rvert > 1$ bei bekannter Gliederzahl n	$a_1 = 3, q = 2, n = 5$ $\Rightarrow s_5 = \frac{3 \cdot (2^5 - 1)}{2 - 1} = 3 \cdot 31 = 93$
$s_n = \frac{q \cdot a_n - a_1}{q - 1}$ $\lvert q \rvert > 1$	**Summenformel** einer geometrischen Folge oder Reihe für $\lvert q \rvert > 1$ bei bekanntem Endglied a_n	$a_1 = 5, a_n = 1280, q = 4$ $\Rightarrow s_n = \frac{4 \cdot 1280 - 5}{3} = \frac{5120 - 5}{3}$ $= 1705$
$s_n = \frac{a_1(1 - q^n)}{1 - q}$ $0 < \lvert q \rvert < 1$	**Summenformel** einer geometrischen Folge oder Reihe für $0 < \lvert q \rvert < 1$ bei bekannter Gliederzahl n	$a_1 = 128, q = 0{,}5, n = 7$ $\Rightarrow s_7 = \frac{128\,[1 - (\frac{1}{2})^7]}{\frac{1}{2}} =$ $= 256 \cdot (1 - \frac{1}{128})$ $= 256 \cdot \frac{127}{128} = 254$
$s_n = \frac{a_1 - q \cdot a_n}{1 - q}$ $0 < \lvert q \rvert < 1$	**Summenformel** einer geometrischen Folge oder Reihe für $0 < \lvert q \rvert < 1$ bei bekanntem Endglied a_n	$a_1 = 243, a_n = 1, q = \frac{1}{3}$ $\Rightarrow s_n = \frac{243 - \frac{1}{3}}{1 - \frac{1}{3}} = \frac{242\frac{2}{3}}{\frac{2}{3}} = 364$ $a_1 = 4000, a_n = 6{,}4, q = 0{,}2$ $\Rightarrow s_n = \frac{4000 - 0{,}2 \cdot 6{,}4}{1 - 0{,}2} = \frac{3998{,}72}{0{,}8} = 4998{,}$

$s = \frac{a_1}{1-q}$ $\lvert q \rvert < 1$ $n \to \infty$	**Summenformel** einer **unendlichen** geometrischen Reihe für $\lvert q \rvert < 1$. Solch eine Reihe nennt man **konvergent**, d. h. sie strebt gegen einen **Grenzwert.** (Im Falle $\lvert q \rvert \geqq 1$ nennt man die Reihe **divergent**.)	$a_1 = 4, \quad q = \frac{2}{3} \Rightarrow s = \frac{4}{\frac{1}{3}} = 12$ $a_1 = 0,4, \; q = -\frac{1}{2} \Rightarrow s = \frac{0,4}{1,5} = \frac{4}{15}$ Wert der Dezimalzahl $0,\overline{3} = 0,33333 \ldots$ $0,\overline{3} = 0,3 + 0,03 + 0,003 + 0,0003 + \ldots$ $\Rightarrow a_1 = 0,3, \; q = \frac{1}{10} \Rightarrow$ $\Rightarrow s = \frac{0,3}{1-\frac{1}{10}} = \frac{0,3}{0,9} = \frac{1}{3}$
$K_n = K \cdot q^n$ $q = 1 + \frac{p}{100}$	**Endwert** einer **einmaligen Zahlung K** nach n Jahren bei p% Verzinsung	Ein Anfangskapital K = 4500 DM wächst in 10 Jahren bei nur 3,5%-iger Verzinsung auf 6347 DM an. $q = 1 + \frac{3,5}{100} = 1,035$ $K_{10} = 4500 \cdot 1,035^{10} = 6347$ (DM)
$K = \frac{K_n}{q^n}$	**Barwert** einer einmaligen Zahlung	Eine Schuld in Höhe von 3800 DM, die in 7 Jahren fällig ist, wird schon heute bezahlt, wobei eine 4%-ige Verzinsung zugrunde gelegt wird. $K = \frac{3800}{1,04^7} = 2888$ (DM)
$q = \sqrt[n]{\frac{K_n}{K}}$	Berechnung des **Zinsfaktors**	Eine Erbschaft in Höhe von 23640 DM, die in 8 Jahren fällig ist, wird heute mit einem Barwert von 16000 DM abgelöst. $q = \sqrt[8]{\frac{23640}{16000}} = 1,05, \Rightarrow p = 5(\%)$
$n = \frac{\lg K_n - \lg K}{\lg q}$	Berechnung der **Laufzeit**	In welcher Zeit wächst ein Kapital von 15000 DM bei 3%-iger Verzinsung auf 20160 DM an? $n = \frac{\lg 20160 - \lg 15000}{\lg 1,03} =$ $= \frac{4,3045 - 4,1761}{0,01284} = \frac{0,1284}{0,01284} = 10$ (J.)
$K_n = \frac{R \cdot (q^n - 1)}{q - 1}$	**Endwert** regelmäßiger **nachschüssiger Zahlungen** (am Ende jedes Jahres)	Werden 6 Jahre lang am Ende eines Jahres regelmäßig 800 DM auf ein Konto bei 5%-iger Verzinsung eingezahlt, ergibt sich ein Endkapital von 5440 DM. $K_6 = \frac{800 \cdot (1,05^6 - 1)}{1,05 - 1} = 5440$ (DM)
$K_n = \frac{R \cdot q \cdot (q^n - 1)}{q - 1}$	**Endwert** regelmäßiger **vorschüssiger Zahlungen** (am Anfang jedes Jahres)	Werden 6 Jahre lang am Anfang eines Jahres regelmäßig 800 DM auf ein Konto bei 5%-iger Verzinsung eingezahlt, ergibt sich ein Endkapital von 5713 DM. $K_6 = \frac{800 \cdot 1,05\,(1,05^6 - 1)}{1,05 - 1} = 5713$ (DM)

$K_n = K \cdot q^n \pm \frac{R(q^n - 1)}{q - 1}$	Endwert eines Kapitals K, das durch regelmäßige nachschüssige Zahlungen bzw. Abhebungen vermehrt bzw. vermindert wird.	
$K_n = K \cdot q^n \pm \frac{R \cdot q(q^n - 1)}{q - 1}$	Endwert eines Kapitals K, das durch regelmäßige vorschüssige Zahlungen bzw. Abhebungen vermehrt bzw. vermindert wird.	
$T = \frac{K \cdot q^n (q-1)}{q^n - 1}$	**Schuldentilgungsformel** T: Tilgungsrate K: Darlehen $q = \left(1 + \frac{p}{100}\right)$	Bei einem Darlehen von 15000 DM mußte bei 5%-iger Verzinsung und einer Laufzeit von 12 Jahren jährlich eine Tilgungsrate T = 1692,40 gezahlt werden. $T = \frac{15000 \cdot 1{,}05^{12} (1{,}05 - 1)}{1{,}05^{12} - 1}$ $= 1692{,}40$ (DM)

1.14 Algebraische Strukturen

Gruppe **⟨M; ∘⟩**	Eine nicht leere Menge M von Elementen, für die eine Verknüpfung (Zeichen ∘) erklärt ist, heißt eine Gruppe bezüglich dieser Verknüpfung, wenn folgende vier **Axiome** erfüllt sind: $a \circ b = c \in M$ $(a \circ b) \circ c = a \circ (b \circ c)$ $(a \circ e) = e \circ a = a$ $a \circ \bar{a} = \bar{a} \circ a = e$	① Die Menge $\mathbb{N}$ der **natürlichen Zahlen** bildet bezüglich der Addition **keine Gruppe.** ② Die Menge $\mathbb{Z}$ der **ganzen Zahlen** bildet bezüglich der Addition eine **Gruppe.** ③ Die Menge $\mathbb{Q}^+$ der **positiven rationalen Zahlen** bildet bezüglich der Multiplikation eine **Gruppe.**
$\mathbf{a \circ b = c \in M}$	**Abgeschlossenheit** bezüglich der Verknüpfung. Durch Verknüpfung zwei beliebiger Elemente der Menge ergibt sich stets wieder ein Element der Menge.	① Für alle Elemente $a, b \in \mathbb{N}$ gilt: $a + b = c \in \mathbb{N}$ ② Für alle Elemente $a, b \in \mathbb{Z}$ gilt: $a + b = c \in \mathbb{Z}$ ③ Für alle Elemente $a, b \in \mathbb{Q}^+$ gilt: $a \cdot b = c \in \mathbb{Q}^+$
$\mathbf{(a \circ b) \circ c = a \circ (b \circ c)}$	Für beliebige Elemente der Menge M gilt das **Assoziativgesetz** bezüglich der Verknüpfung.	① Es gilt für alle $a, b, c \in \mathbb{N}$: $(a + b) + c = a + (b + c)$ ② Es gilt für alle $a, b, c \in \mathbb{Z}$: $(a + b) + c = a + (b + c)$ ③ Es gilt für alle $a, b, c \in \mathbb{Q}^+$: $(a \cdot b) \cdot c = a \cdot (b \cdot c)$
$\mathbf{a \circ e = e \circ a = a}$	In der Menge M existiert ein **neutrales Element** bezüglich der Verknüpfung, so daß jedes beliebige Element der Menge bei Verknüpfung mit dem neutralen Element erhalten bleibt.	① Es existiert **kein** neutrales Element bezüglich der Addition in $\mathbb{N}$. ② Es existiert die Zahl 0 als neutrales Element bezüglich der Addition in $\mathbb{Z}$: $a + 0 = 0 + a = a$ ③ Es existiert die Zahl 1 als neutrales Element bezüglich der Multiplikation in $\mathbb{Q}^+$: $a \cdot 1 = 1 \cdot a = a$

$a \circ \bar{a} = \bar{a} \circ a = e$ **$a \circ a^{-1} = a^{-1} \circ a = e$**	Zu jedem Element der Menge M existiert ein **inverses Element** bezüglich der Verknüpfung, so daß bei der Verknüpfung von einem Element mit seinem inversen Element das neutrale Element entsteht. Für das zum Element a inverse Element wird als Symbol $\bar{a}$ oder a^{-1} gesetzt.	① In ℕ besitzt kein Element ein inverses Element bezüglich der Addition. ② In ℤ besitzt jedes Element a ein inverses Element $\bar{a}$ bezüglich der Addition, nämlich $\bar{a} = -a$: $a + (-a) = (-a) + a = 0$ ③ In $\mathbb{Q}^+$ besitzt jedes Element a ein inverses Element $\bar{a}$ bezüglich der Multiplikation, nämlich $\bar{a} = \frac{1}{a}$: $a \cdot \frac{1}{a} = \frac{1}{a} \cdot a = 1$
Kommutative Gruppe **$a \circ b = b \circ a$**	Gilt in einer Gruppe zusätzlich das **Kommutativgesetz** bezüglich der Verknüpfung, so heißt sie eine kommutative Gruppe.	② und ③ bei Stichwort Gruppe sind kommutative Gruppen.
$a \circ x = x \circ a = b$ **$x = \bar{a} \circ b$** **$x = a^{-1} \circ b$**	In einer kommutativen Gruppe gilt: Für je zwei beliebige Elemente gibt es ein bestimmtes Element der Menge, so daß sich durch Verknüpfung des einen mit diesem Element das andere ergibt (Lösbarkeit).	② Für je zwei ganze Zahlen gibt es eine bestimmte ganze Zahl bezüglich der Addition, so daß gilt: $a + x = x + a = b \Leftrightarrow x = b - a$ ③ Für je zwei positive rationale Zahlen gibt es eine bestimmte positive Zahl bezüglich der Multiplikation, so daß gilt: $a \cdot x = x \cdot a = b \Leftrightarrow x = \frac{b}{a}$
Ring **$\langle M; \circ, * \rangle$**	Eine nicht leere Menge M, für die zwei Verknüpfungen (Zeichen ∘ und *) erklärt sind, heißt ein **Ring**, wenn die Menge bezüglich der einen Verknüpfung (∘) eine **kommutative Gruppe** bildet und außerdem folgende drei **Axiome** gelten (siehe unten).	Die Menge der **ganzen Zahlen** ℤ bildet **bezüglich** der **Addition** und Multiplikation einen **Ring.** Man darf in dieser Menge in der üblichen Weise addieren, subtrahieren (Gruppeneigenschaft) und multiplizieren, aber nicht notwendig dividieren (Lösbarkeit bezüglich der zweiten Verknüpfung).
$a * b = c \in M$	**Abgeschlossenheit** bezüglich der zweiten Verknüpfung. Durch eine zweite Verknüpfungsmöglichkeit zweier beliebiger Elemente der Menge entsteht wieder ein Element der Menge.	Durch Multiplikation zweier beliebiger ganzer Zahlen erhält man stets als Produkt wieder eine ganze Zahl. Es gilt: $a \cdot b = c \in \mathbb{Z}$
$a * b) * c$ **$= a * (b * c)$**	Für die zweite Verknüpfung gilt das **Assoziativgesetz.**	Es gilt das Assoziativgesetz bezüglich der Multiplikation (a, b, c ∈ ℤ): $(a \cdot b) \cdot c = a \cdot (b \cdot c)$
$a \circ b) * c$ **$= a * c \circ b * c$** **$* (b \circ c)$** **$= a * b \circ a * c$**	Es gilt das **Distributivgesetz** bezüglich der Verknüpfung (∘).	Es gilt das Distributivgesetz für die Addition (a, b, c ∈ ℤ): $(a + b) \cdot c = a \cdot c + b \cdot c$

Kommutativer Ring **$a * b = b * a$**	Gilt in einem Ring zusätzlich das Kommutativgesetz bezüglich der zweiten Verknüpfung, heißt der Ring ein kommutativer Ring.	Es gilt für alle ganzen Zahlen das Kommutativgesetz bezüglich der Multiplikation.
Körper **$\langle M; \circ, * \rangle$**	Eine nicht leere Menge heißt bezüglich zweier erklärter Verknüpfungen ein **Körper,** wenn sie einen Ring bildet und außerdem noch folgende Eigenschaft besitzt: $a * x = x * a = b$	① Die Menge der **ganzen Zahlen** $\mathbb{Z}$ bildet bezüglich Addition und Multiplikation **keinen Körper.** ② Die Menge der **rationalen Zahlen** $\mathbb{Q}$ bildet bezüglich Addition und Multiplikation einen Körper.
$a * x = x * a = b$ **$a \neq e$ (neutrales Element)**	Für zwei beliebige Elemente gibt es stets ein bestimmtes Element der Menge, so daß durch die zweite Verknüpfung des einen (nicht neutrales Element bezüglich der 1. Verknüpfung!) mit diesem Element das zweite entsteht; d. h. bei zwei beliebig vorgegebenen Elementen a und b der Menge läßt sich eine Gleichung bezüglich der zweiten Verknüpfung eindeutig lösen. (Lösbarkeit bezüglich der 2. Verknüpfung).	① $a \cdot x = x \cdot a = b \ (a \neq 0) \Leftrightarrow x = \frac{b}{a}$ Gilt nur, wenn b ein Vielfaches von a ist. ② $a \cdot x = x \cdot a = b \ (a \neq 0) \Leftrightarrow x = \frac{b}{a}$ Gilt für alle $a, b \in \mathbb{Q}$ In der Menge der rationalen Zahlen ist auch die Division (mit Ausnahme der Division durch 0) ausführbar.

1.15 Gruppentafeln

Symmetriegruppe des gleichseitigen Dreiecks

	D_0	D_{120}	D_{240}	K_1	K_2	K_3
D_0	D_0	D_{120}	D_{240}	K_1	K_2	K_3
D_{120}	D_{120}	D_{240}	D_0	K_3	K_1	K_2
D_{240}	D_{240}	D_0	D_{120}	K_2	K_3	K_1
K_1	K_1	K_2	K_3	D_0	D_{120}	D_{240}
K_2	K_2	K_3	K_1	D_{240}	D_0	D_{120}
K_3	K_3	K_1	K_2	D_{120}	D_{240}	D_0

D_0 : Drehung um 0°
K_1: Klappen um Symmetrieachse

Symmetriegruppe des Rechtecks

	D_0	D_{180}	K_a	K_b
D_0	D_0	D_{180}	K_a	K_b
D_{180}	D_{180}	D_0	K_b	K_a
K_a	K_a	K_b	D_0	D_{180}
K_b	K_b	K_b	D_{180}	D_0

Drehgruppe des gleichseitigen Dreiecks

	D_0	D_{120}	D_{240}
D_0	D_0	D_{120}	D_{240}
D_{120}	D_{120}	D_{240}	D_0
D_{240}	D_{240}	D_0	D_{120}

Drehgruppe des Quadrats

	D_0	D_{90}	D_{180}	D_{270}
D_0	D_0	D_{90}	D_{180}	D_{270}
D_{90}	D_{90}	D_{180}	D_{270}	D_0
D_{180}	D_{180}	D_{270}	D_0	D_{90}
D_{270}	D_{270}	D_0	D_{90}	D_{180}

2. Kombinatorik, Wahrscheinlichkeit, Statistik

$P_n = n!$ $n! = 1 \cdot 2 \cdot 3 \cdot \ldots \cdot (n-1) \cdot n$	Die Anzahl der **Permutationen** (Anordnungen) von n **verschiedenen** Elementen ohne Wiederholung ergibt sich als Produkt aller natürlichen Zahlen von 1 bis n.	Wieviel dreistellige Zahlen ohne Wiederholung einer Ziffer lassen sich aus den Ziffern 3, 4 u. 5 bilden? $P_3 = 1 \cdot 2 \cdot 3 = 6$ 345, 354, 435, 453, 534, 543 Von 6 Elementen lassen sich $P_6 = 6! = 6 \cdot 5 \cdot 4 \cdot 3 \cdot 2 \cdot 1 = 720$ Permutationen bilden.
$(n+1)! = (n+1) \cdot n!$ $0! = 1$ $P_{n+1} = (n+1) \cdot P_n$	**Rekursionsformel** Diese Formel ist nur dann für alle $n \in \mathbb{N}_0$ gültig, wenn $0! = 1$ definiert wird.	$1! = 1$ oder $1! = 1 \cdot 0! \Rightarrow 0! = 1$ $2! = 2 \cdot 1! = 2$ $5! = 5 \cdot 4! = 120$ $3! = 3 \cdot 2! = 6$ $6! = 6 \cdot 5! = 720$ $4! = 4 \cdot 3! = 24$ $7! = 7 \cdot 6! = 5040$
$P^k_n = \frac{n!}{k!}$ $k \leqq n$	Anzahl der Permutationen von n Elementen, unter denen k gleich sind.	Wie viele Permutationen können von der Zahl 123337 gebildet werden? $P^3_6 = \frac{6!}{3!} = 120$
$V^k_n = \frac{n!}{(n-k)!}$ $k \leqq n$	**Variationen** von n Elementen zur k-ten Klasse **ohne Wiederholung** $V^k_n = n \cdot (n-1) \cdot (n-2) \cdot \ldots \cdot (n-k+1)$	An die 8 Läufer des Endlaufs einer Sprintstrecke sind die Gold-, Silber- und Bronzemedaille zu vergeben. Wieviel Möglichkeiten? $V^3_8 = 8 \cdot 7 \cdot 6 = 336, V^3_8 = \frac{8!}{5!} = 8 \cdot 7 \cdot 6$
$\overline{V}^k_n = n^k$ $k \leqq n$	**Variationen** von n Elementen zur k-ten Klasse **mit Wiederholung**	Wieviel verschiedene Würfe sind mit 4 Münzen möglich? $\overline{V}^2_4 = 4^2 = 16$ Wieviel dreistellige Zahlen lassen sich aus 3 Ziffern bilden? $\overline{V}^3_3 = 3^3 = 27$
$K^p_n = \binom{n}{p}$ $\binom{n}{p} = \frac{n!}{p!\,(n-p)!}$	Anzahl aller **Kombinationen** von n verschiedenen Elementen zur p-ten Klasse **ohne Wiederholung**: Wählt man aus einer Menge von n Elementen p Elemente beliebig aus und bildet man aus ihnen eine beliebige Zusammenstellung, so heißt jede Möglichkeit eine Kombination von n Elementen zur p-ten Klasse.	In einer Urne befinden sich 8 numerierte, aber sonst gleiche Kugeln. Wieviel Möglichkeiten gibt es, 3 Kugeln gleichzeitig herauszugreifen oder die Kugeln einzeln zu ziehen, wenn jede Kugel nach der Ziehung nicht in die Urne zurückgelegt wird? $K^3_8 = \binom{8}{3} = \frac{8!}{3! \cdot 5!} = 56$
$\overline{K}^p_n = \binom{n+p-1}{p}$ $\binom{n+p-1}{p} = \frac{(n+p-1)!}{(n-1)!\,p!}$	Anzahl der **Kombinationen** der p-ten Klasse von n verschiedenen Elementen **mit Wiederholung**.	Wieviel Möglichkeiten gibt es, aus obiger Urne 3 Kugeln einzeln zu ziehen, wenn nach jeder Ziehung die Kugel in die Urne zurückgelegt wird? $K^3_8 = \binom{10}{3} = \frac{10!}{7! \cdot 3!} = 120$

2

<table>
<tr><td>$w = \frac{g}{n}$
$0 \leqq w \leqq 1$</td><td>Die Wahrscheinlichkeit, mit der ein Ereignis eintritt, ist als Verhältnis der Anzahl der günstigen Ereignisse zur Anzahl aller möglichen Ereignisse definiert.</td><td>Die Wahrscheinlichkeit, mit einem Würfel eine „1“ zu würfeln, beträgt: $w = \frac{1}{6}$, $g = 1$, $n = 6$</td></tr>
<tr><td>$w' = 1 - w$</td><td>Wahrscheinlichkeit für das Nichteintreten eines Ereignisses</td><td>Die Wahrscheinlichkeit, mit einem Würfel keine „1“ zu würfeln, beträgt: $w' = \frac{5}{6} = 1 - \frac{1}{6}$, $g = 5$, $n = 6$</td></tr>
<tr><td>$w(n) = w(1) + w(2) + w(3) + \ldots + w(n)$</td><td>Die Wahrscheinlichkeit, daß von n Ereignissen eines eintrifft, ist gleich der Summe der Wahrscheinlichkeiten der einzelnen Ereignisse, wenn diese paarweise miteinander unvereinbar sind.</td><td>Die Wahrscheinlichkeit, mit einem Würfel eine „1“, „3“ oder „5“ zu würfeln, beträgt:
$w(3) = \frac{1}{6} + \frac{1}{6} + \frac{1}{6} = \frac{3}{6} = \frac{1}{2}$</td></tr>
<tr><td>$\overline{w}(n) = w(1) \cdot w(2) \cdot w(3) \ldots \cdot w(n)$</td><td>Die Wahrscheinlichkeit, daß n voneinander unabhängige Ereignisse miteinander eintreffen, ist gleich dem Produkt der Wahrscheinlichkeiten dieser n einzelnen Ereignisse.</td><td>Die Wahrscheinlichkeit, mit zwei Würfeln in einem Wurf zweimal eine „1“ zu würfeln, beträgt:
$\overline{w}(2) = \frac{1}{6} \cdot \frac{1}{6} = \frac{1}{36}$</td></tr>
<tr><td>$1 - \overline{w'}(n)$</td><td>Die Wahrscheinlichkeit, daß von mehreren Ereignissen mindestens eins eintrifft, wird durch Übergang zu den Wahrscheinlichkeiten der entgegengesetzten Ereignisse gelöst.</td><td>Die Wahrscheinlichkeit, mit zwei Würfeln in einem Wurf mindestens einmal die „1“ zu erzielen, beträgt $\frac{11}{36}$.
$w' = \frac{5}{6}$, $\overline{w'}(2) = \frac{5}{6} \cdot \frac{5}{6} = \frac{25}{36}$
$1 - \overline{w'}(2) = \frac{11}{36}$</td></tr>
<tr><td>$h = \frac{f_i}{n}$

$h = \frac{f_i}{n} \cdot 100\,\%$</td><td>Als relative Häufigkeit bezeichnet man das Verhältnis der absoluten Häufigkeit zur Anzahl der Elemente.
Durch Multiplikation mit 100 ergibt sich die prozentuale Häufigkeit.</td><td>In einer Klassenarbeit haben von 30 Schülern 6 Schüler ein „mangelhaft“.
$f_5 = 6$ (absolute Häufigkeit)
$h = \frac{6}{30} = 0{,}2$
$h = 0{,}2 \cdot 100 = 20\%$</td></tr>
<tr><td>$m = \frac{f_1x_1 + f_2x_2 + \ldots + f_nx_n}{n}$</td><td>Mittelwert der Häufigkeitsverteilung</td><td>Das Gesamtergebnis der Klassenarbeit der 30 Schüler lautet:
0 Schüler: 6   8 Schüler: 3
6 Schüler: 5   8 Schüler: 2
4 Schüler: 4   4 Schüler: 1
$m = \frac{0 \cdot 6 + 6 \cdot 5 + 4 \cdot 4 + 8 \cdot 3 + 8 \cdot 2 + 4 \cdot}{30}$
$m = 3$</td></tr>
<tr><td>$s = \sqrt{\frac{f_1 \cdot (x_1 - m)^2 + \ldots + f_n(x_n - m)^2}{n}}$</td><td>Streuung oder Standardabweichung</td><td><table><tr><th>x_i</th><th>$(x_i - m)$</th><th>$(x_i - m)^2$</th><th>$f_i(x_i - m)$</th></tr><tr><td>6</td><td>3</td><td>9</td><td>0</td></tr><tr><td>5</td><td>2</td><td>4</td><td>24</td></tr><tr><td>4</td><td>1</td><td>1</td><td>4</td></tr><tr><td>3</td><td>0</td><td>0</td><td>0</td></tr><tr><td>2</td><td>−1</td><td>1</td><td>8</td></tr><tr><td>1</td><td>−2</td><td>4</td><td>16</td></tr><tr><td></td><td></td><td></td><td>52</td></tr></table>$s = \sqrt{\frac{52}{30}} \approx \sqrt{1{,}73} \approx 1{,}32$</td></tr>
</table>

3 Zahlentafeln

3.1 Wichtige Zahlen

Potenzen

n	n^3	n^4	n^5	n^6	n^7	n^8	n^9	n^{10}
1	1	1	1	1	1	1	1	1
2	8	16	32	64	128	256	512	1024
3	27	81	243	729	2187	6561	19683	59049
4	64	256	1024	4096	16384	65536	262144	1048576
5	125	625	3125	15625	78125	390625	1953125	9765625
6	216	1296	7776	46656	279936	1679616	10077696	60466176
7	343	2401	16807	117649	823543	5764801	40353607	282475249
8	512	4096	32768	262144	2097152	16777216	134217728	1073741824
9	729	6561	59049	531441	4782969	43046721	387420489	3486784401
10	1000	10000	100000	1000000	10000000	100000000	1000000000	10000000000
11	1331	14641	161051	1771561	19487171	214358881	2357947691	25937424601
12	1728	20736	248832	2985984	35831808	429981696	5159780352	61917364224

Fakultäten

$n! = 1 \cdot 2 \cdot 3 \cdot 4 \cdot \ldots \cdot n$

n	n!
1	1
2	2
3	6
4	24
5	120
6	720
7	5040
8	40320
9	362880
10	3628800
11	39916800
12	479001600

Binomialkoeffizienten (vgl. 1.05.)

n	$\binom{n}{1}$	$\binom{n}{2}$	$\binom{n}{3}$	$\binom{n}{4}$	$\binom{n}{5}$	$\binom{n}{6}$	$\binom{n}{7}$	$\binom{n}{8}$	$\binom{n}{9}$	$\binom{n}{10}$	$\binom{n}{11}$	$\binom{n}{12}$
1	1											
2	2	1										
3	3	3	1									
4	4	6	4	1								
5	5	10	10	5	1							
6	6	15	20	15	6	1						
7	7	21	35	35	21	7	1					
8	8	28	56	70	56	28	8	1				
9	9	36	84	126	126	84	36	9	1			
10	10	45	120	210	252	210	120	45	10	1		
11	11	55	165	330	462	462	330	165	55	11	1	
12	12	66	220	495	792	924	792	495	220	66	12	1

$$\binom{n}{k} = \frac{n(n-1)(n-2)(n-3)\ldots(n-k+1)}{1 \cdot 2 \cdot 3 \cdot 4 \cdot \ldots \cdot k}$$

$\binom{n}{0} = 1$ für alle $n \in \mathbb{N}$

Wichtige Zahlen

n	$\sqrt{n}$	$\sqrt[3]{n}$	lg n	$\pi = 3{,}14159265358979\ldots$
2	1,4142135624	1,2599210	0,30102999566	$\frac{1}{\pi} = 0{,}31831\ldots$ $\lg\frac{1}{\pi} = 0{,}50285 - 1$
3	1,7320508076	1,4422496	0,47712125472	$\pi^2 = 9{,}8696\ldots$ $\lg\pi^2 = 0{,}99430$
5	2,2360679775	1,7099759	0,69897000434	$\pi^3 = 31{,}006\ldots$ $\lg\pi^3 = 1{,}49145$
7	2,645713111	1,9129312	0,84509804001	$e = 2{,}71828\ldots$ $\lg e = 0{,}43429$
10	3,1622776602	2,1544347	1,0	$\frac{1}{e} = 0{,}367879..$ $e^2 = 7{,}3890\ldots$
π	1,7724538509	1,464591	0,49714987269	

Pythagoreische Zahlen $a^2 + b^2 = c^2$

a	b	c	a	b	c	a	b	c	a	b	c	a	b	c
3	4	5	19	180	181	180	299	349	217	456	505	400	561	689
5	12	13	104	153	185	225	272	353	220	459	509	111	680	689
8	15	17	57	176	185	76	357	365	279	440	521	455	528	697
7	24	25	95	168	193	27	364	365	308	435	533	185	672	697
20	21	29	28	195	197	252	275	373	92	525	533	260	651	701
12	35	37	133	156	205	152	345	377	341	420	541	259	660	709
9	40	41	84	187	205	135	352	377	184	513	545	364	627	725
28	45	53	140	171	221	189	340	389	33	544	545	333	644	725
11	60	61	21	220	221	228	325	397	165	532	557	108	725	733
33	56	65	60	221	229	40	399	401	396	403	565	407	624	745
16	63	65	105	208	233	120	391	409	276	493	565	216	713	745
48	55	73	120	209	241	29	420	421	231	520	569	468	595	757
36	77	85	32	255	257	297	304	425	48	525	577	39	760	761
13	84	85	96	247	265	87	416	425	368	465	593	481	600	769
39	80	89	23	264	265	145	408	433	240	551	601	195	748	773
65	72	97	69	260	269	203	396	445	35	612	613	273	736	785
20	99	101	115	252	277	84	437	445	105	608	617	56	783	785
60	91	109	160	231	281	280	351	449	336	527	625	432	665	793
15	112	113	161	240	289	168	425	457	429	460	629	168	775	793
44	117	125	68	285	293	261	380	461	100	621	629	555	572	797
88	105	137	207	224	305	319	360	481	200	609	641	280	759	809
24	143	145	136	273	305	31	480	481	315	572	653	429	700	821
17	144	145	25	312	313	93	476	485	300	589	661	540	629	829
51	140	149	75	308	317	44	483	485	385	552	673	41	840	841
85	132	157	204	253	325	155	468	493	52	675	677	123	836	845
119	120	169	36	323	325	132	475	493	156	667	685	116	837	845
52	165	173	175	288	337	336	377	505	37	684	685	205	828	853

Teile und Vielfache von π mit Logarithmen

n	$\frac{\pi}{n}$	$\lg \frac{\pi}{n}$
2	1,57080	0,19612
3	1,04720	0,02003
4	0,78540	0,89509 − 1
5	0,62832	0,79818 − 1
6	0,52360	0,71900 − 1
7	0,44880	0,65205 − 1
8	0,39270	0,59406 − 1
9	0,34907	0,54291 − 1
⋮	⋮	⋮
180	0,01745	0,24188 − 2

n	$n\pi$	$\lg (n\pi)$
2	6,28319	0,79818
3	9,42478	0,97427
4	12,56637	1,09921
5	15,70796	1,19612
6	18,84956	1,27530
7	21,99115	1,34225
8	25,13274	1,40024
9	28,27433	1,45139
$\sqrt{2}$	4,4429	0,64766
$\sqrt{3}$	5,4414	0,73571
$\sqrt{\pi}$	5,5683	0,74572
$\frac{4}{3}$	4,1888	0,62209

Zufallszahlen						
	749 793	240 860	470 763	932 017	591 929	487 357
	375 138	390 799	791 222	683 516	389 901	837 239
	447 087	100 020	047 574	909 110	094 222	758 083
	460 770	502 893	252 443	468 664	842 620	575 231
	940 339	769 718	765 399	652 850	528 142	767 774
	714 814	714 638	719 563	582 222	818 043	016 792
	264 089	629 318	737 630	086 234	986 246	276 980
	323 801	552 479	133 229	313 603	807 457	277 287
	920 272	338 280	322 412	638 475	973 431	538 564
	376 944	486 837	396 487	502 223	225 817	239 453
	587 919	623 298	545 406	124 478	327 575	320 757
	741 379	015 145	198 825	306 604	356 057	653 251
	515 846	761 083	539 744	333 195	019 482	764 581
	631 467	805 813	318 048	911 002	135 804	069 192
	582 657	803 118	385 051	912 417	166 858	187 800
	552 449	132 139	477 893	767 331	703 269	959 709
	822 488	091 589	191 289	920 690	347 365	852 429
	806 710	295 805	361 086	372 772	264 241	617 815
	368 676	043 303	790 594	699 395	849 223	731 343
	257 450	861 432	983 165	339 556	397 674	442 410
	310 353	599 130	245 506	088 607	470 724	930 346
	556 039	261 681	812 511	152 507	389 203	873 039
	715 478	696 084	754 328	361 441	353 115	819 202
	011 527	739 104	046 320	556 675	284 542	862 550
	957 227	874 289	686 881	488 122	343 757	643 602
	813 465	129 036	953 217	958 241	853 116	822 815
	099 543	143 135	879 289	572 814	856 140	893 582
	250 338	301 183	000 711	949 195	957 192	975 005
	670 490	005 098	422 679	777 188	958 539	846 879
	676 073	170 921	669 012	039 042	862 042	969 025
	629 293	736 853	107 316	639 462	942 538	816 428
	056 325	467 747	803 465	376 432	459 651	454 271
	218 783	393 412	657 924	373 299	292 525	584 042
	755 643	396 287	512 310	623 497	551 792	108 336
	450 301	043 223	827 412	210 956	877 917	604 058
	081 679	099 089	234 621	995 647	087 236	782 667
	900 942	086 276	996 023	079 687	592 751	459 602
	452 136	124 565	341 473	510 299	544 868	144 227
	727 230	370 244	128 171	912 289	164 051	151 512
	258 312	928 303	512 075	614 320	255 227	688 025
	521 406	975 479	496 515	002 815	547 474	048 796
	401 963	227 885	421 781	734 630	167 755	295 083
	409 931	164 682	074 677	108 415	435 776	612 529
	196 820	509 287	505 132	341 315	501 050	179 043
	402 574	197 481	442 168	321 275	709 146	873 859
	696 716	772 470	836 758	435 598	620 664	460 718
	500 639	162 630	325 529	446 072	145 462	556 797
	288 922	831 946	320 250	773 064	852 144	800 005
	462 724	587 544	636 050	950 445	983 502	332 692
	010 727	699 280	845 937	653 800	499 063	099 548
	142 218	992 128	158 053	896 446	186 344	396 829
	484 977	473 063	970 521	598 434	268 779	277 296
	346 671	812 463	153 692	544 019	175 388	815 062
	089 808	210 573	081 982	851 461	783 974	867 581
	840 916	534 746	519 262	893 085	261 448	830 383

4 Geometrie und Stereometrie

4.1 Winkel[1]

Nebenwinkel	Die Summe zweier **Nebenwinkel** beträgt 180°.	$\alpha + \beta = \alpha' + \beta' = \alpha + \beta' = \alpha' + \beta = 180°$
Scheitelwinkel	**Scheitelwinkel** sind gleich groß.	$\alpha = \alpha', \beta = \beta'$ 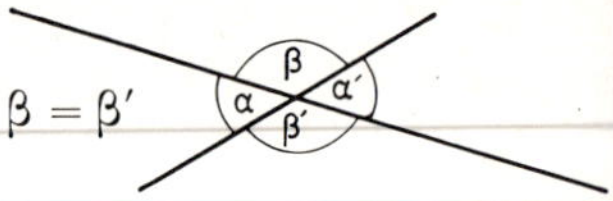
Stufenwinkel	An geschnittenen Parallelen sind **Stufenwinkel** gleich groß.	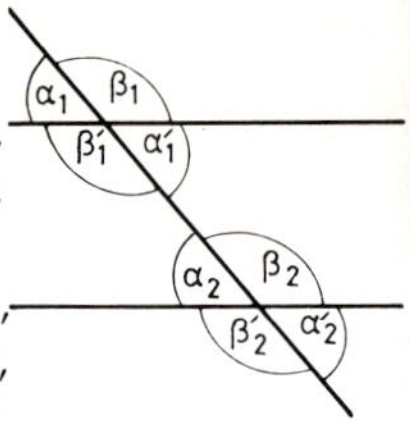 $\alpha_1 = \alpha_2, \alpha_1' = \alpha_2'$ $\beta_1 = \beta_2, \beta_1' = \beta_2'$
Wechselwinkel	An geschnittenen Parallelen sind die **Wechselwinkel** gleich groß.	$\alpha_1' = \alpha_2, \alpha_1 = \alpha_2'$ $\beta_1' = \beta_2, \beta_1 = \beta_2'$
Außenwinkel	In jedem Dreieck ist ein **Außenwinkel** gleich der Summe der beiden nichtanliegenden **Innenwinkel.**	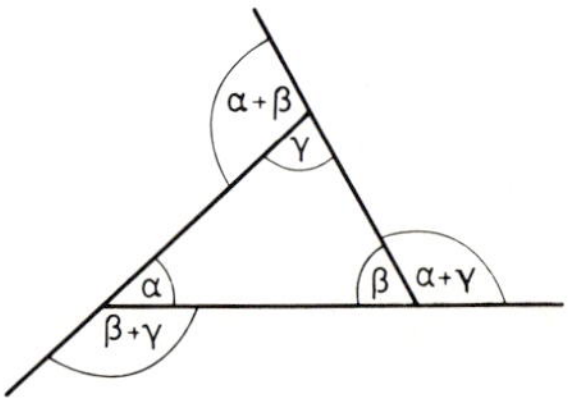
Winkelsummen	In einem Dreieck beträgt die Summe der Innenwinkel 180°. In einem Viereck beträgt die Summe der Innenwinkel 360°. In einem n-Eck beträgt die Summe der Innenwinkel $(n-2) \cdot 180°$ $(n > 2)$.	Dreieck: $\alpha + \beta + \gamma = 180°$ 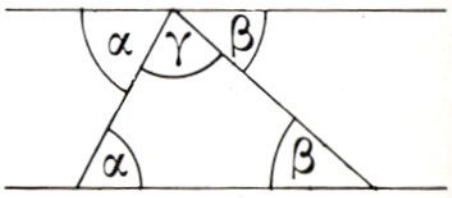 Viereck: $\alpha + \beta + \gamma + \delta = 360°$ 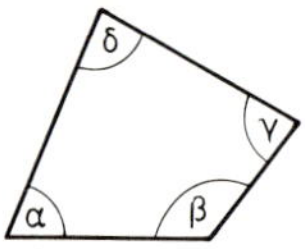 Sechseck: $\alpha + \beta + \gamma + \delta + \varepsilon + \zeta = 720°$ 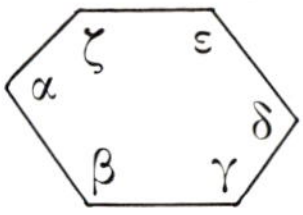
Thales-Satz	Jeder Winkel im Halbkreis ist ein rechter Winkel.	$\alpha = \beta = \gamma = 90°$ 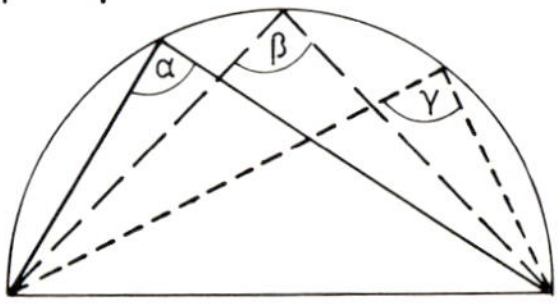

[1] Unter dem Begriff „Winkel" wird im folgenden das „Winkelmaß" verstanden.

4.2 Abbildungsgeometrie

Abbildung einer Ebene	Bei einer **Abbildung** einer Ebene auf sich selbst wird jedem Punkt P der Ebene genau ein Punkt P′ der Ebene zugeordnet. Wenn außerdem jedem Punkt P′ genau ein Punkt P entspricht, ist die Abbildung **umkehrbar**. Die Punkte P, Q, R, S, ... heißen **Urpunkte**, die zugeordneten Punkte P′, Q′, R′, S′, ... **Bildpunkte**.	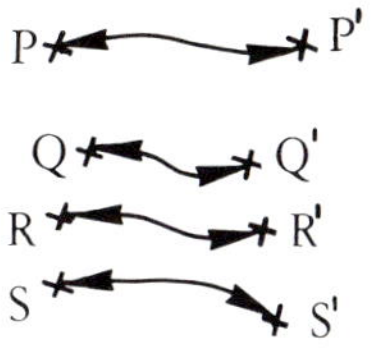 P P′ Q Q′ R R′ S S′
involutorisch	Wenn durch eine Abbildung jedem Bildpunkt P′ genau der Urpunkt P als Bildpunkt (P′)′ des Bildpunktes P′ entspricht, ist die Abbildung **involutorisch** [P = (P′)′].	
Fixpunkt	Punkte, die bei einer Abbildung mit ihren Bildpunkten zusammenfallen, heißen **Fixpunkte**.	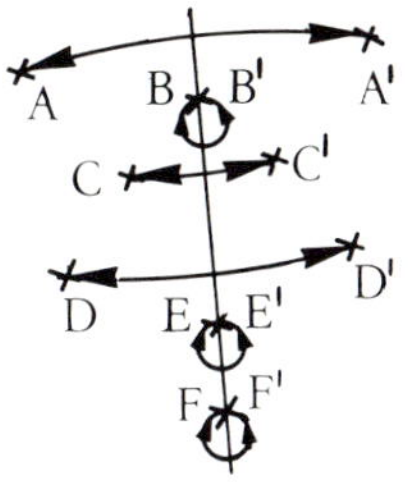 A B B′ A′ C C′ D D′ E E′ F F′
Fixgerade	Geraden, die mit ihrer Bildgeraden zusammenfallen, heißen **Fixgeraden**.	
Fixpunktgerade	Geraden, die nur aus Fixpunkten bestehen, heißen **Fixpunktgeraden**.	B, E, F: Fixpunkte
Identität	Sind bei einer Abbildung alle Punkte Fixpunkte, nennt man die Abbildung **Identität**.	
Invariante	Wird bei einer Abbildung eine geometrische Eigenschaft nicht verändert, heißt die betreffende Eigenschaft **Invariante** der Abbildung.	
geradentreu	Bei einer **geradentreuen** Abbildung entsteht als Bild jeder Geraden g wieder eine Gerade g′.	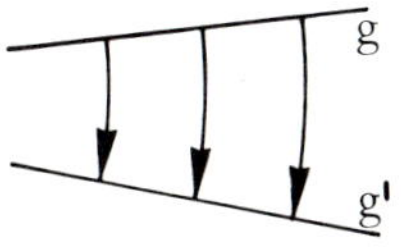 g g′
längentreu	Bei einer **längentreuen** Abbildung entsteht als Bild jeder Strecke s eine gleich lange Bildstrecke s′.	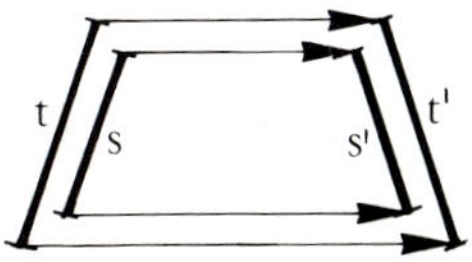 t s s′ t′

4

parallelentreu	Bei einer **parallelentreuen** Abbildung werden parallele Geraden zu parallelen Bildgeraden abgebildet.	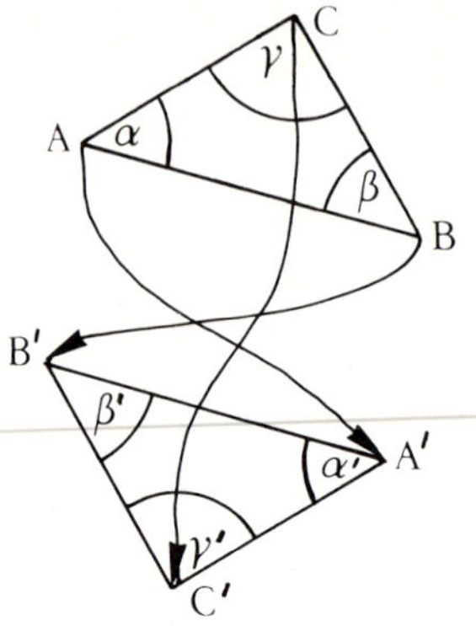
winkeltreu	Bei einer **winkeltreuen** Abbildung ist die Winkelgröße Invariante, d. h. in Ur- und Bildfigur sind alle entsprechenden Winkel gleich groß.	A, B, C, α, β, γ, A′, B′, C′, α′, β′, γ′
flächentreu	Bei einer **flächentreuen** Abbildung ist die Flächengröße Invariante, d. h. Ur- und Bildfigur sind flächeninhaltsgleich.	
Umlaufsinn	Umläuft man eine geometrische Figur in (alphabetischer) Reihenfolge ihrer Punkte, ergibt sich ein **Umlaufsinn**. Der Umlaufsinn kann „im Uhrzeigersinn" oder „gegen den Uhrzeigersinn" gerichtet sein.	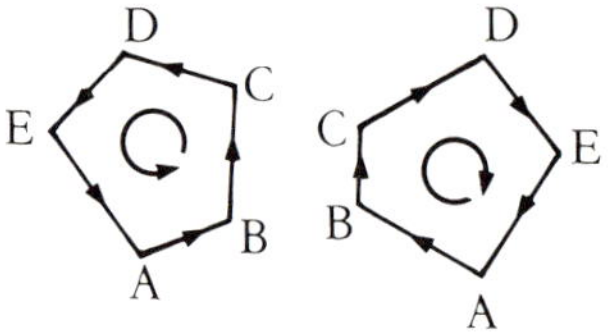 D, C, E, B, A — D, C, E, B, A
Verkettung	Werden mehrere Abbildungen nacheinander durchgeführt, so spricht man von einer **Verkettung.**	
Geraden-spiegelung S	Eine Abbildung einer Ebene auf sich selbst heißt **Geradenspiegelung S**, wenn sie folgende Eigenschaften besitzt: 1. Die Abbildung ist involutorisch. 2. Die Abbildung ist geradentreu. 3. Die Abbildung ist längentreu. 4. Die Abbildung ist winkeltreu. 5. Es gibt eine Fixpunktgerade (**Spiegelachse, Symmetrieachse**). 6. Ist ein Punkt P kein Fixpunkt, so liegen P und P′ auf verschiedenen Seiten der Fixpunktgeraden.	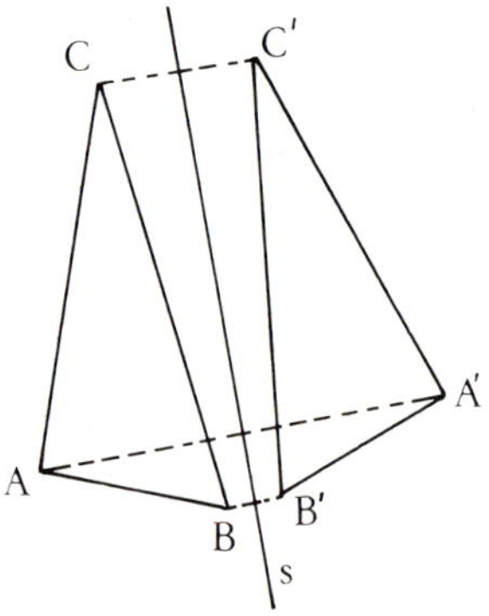 C, C′, A′, A, B, B′, s
Grundkonstruktion einer Geraden-spiegelung	Bei einer gegebenen Spiegelachse s und einem Punkt $P \notin s$ liegt der Bildpunkt P′ 1. auf der Senkrechten zur Spiegelachse durch P auf der anderen Seite der Achse, 2. auf einem Kreis um den Schnittpunkt S der Senkrechten mit der Spiegelachse mit dem Radius $\overline{SP}$.	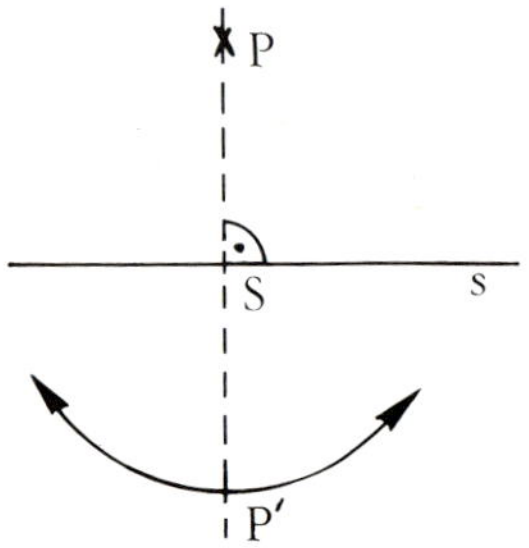 P, S, s, P′

	1′. auf einem Kreis um einen beliebigen Achsenpunkt A mit dem Radius $\overline{AP}$, 2′. auf einem Kreis um einen beliebigen Achsenpunkt B mit dem Radius $\overline{BP}$.	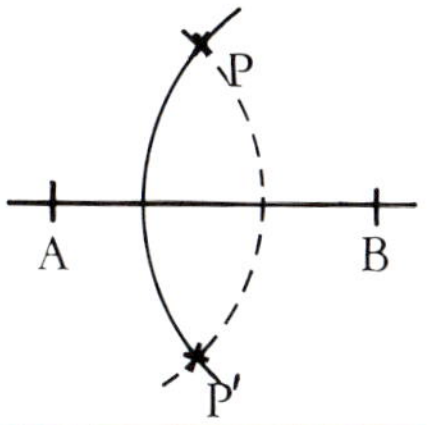 P A B P′
Spezielle Eigenschaften der Geradenspiegelung S	1. Eine zur Spiegelachse g parallele Gerade wird in eine parallele Gerade abgebildet. 2. Eine nicht zu g parallele Gerade schneidet ihre Bildgerade auf g. 3. Jede auf g senkrecht stehende Gerade ist Fixgerade (nicht Fixpunktgerade!). 4. Parallelität, Streckenlänge und Winkelgröße sind invariant. 5. Die Richtung einer Geraden und Umlaufsinn einer geometrischen Figur ändern sich. 6. g ist Fixpunktgerade.	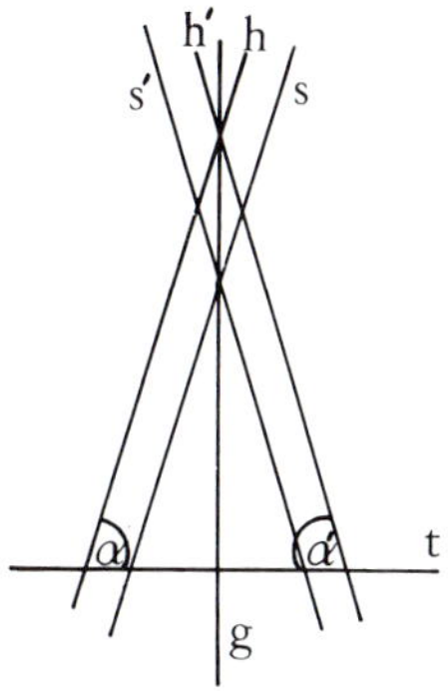 h′ h s′ s α α′ t g 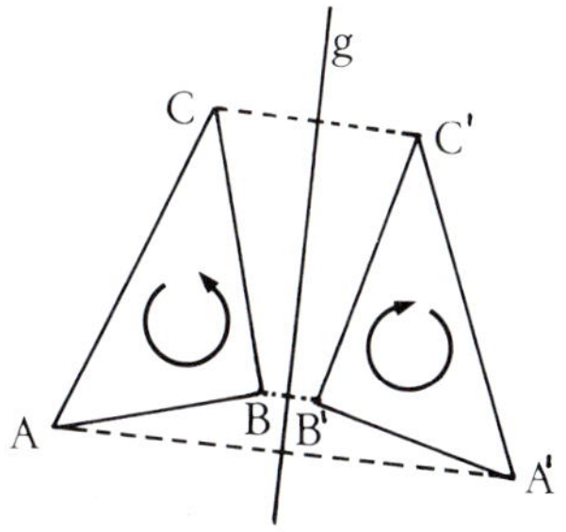 g C C′ A B B′ A′
Achsensymmetrie	Wenn es mindestens eine Geradenspiegelung gibt, die eine Figur auf sich selbst abbildet, heißt die Figur **achsensymmetrisch**.	gleichschenkliges Dreieck gleichseitiges Dreieck Drachenviereck gleichschenkliges Trapez Raute Rechteck, Quadrat Kreis
Verkettung $S_1 \circ S_2$	Die **Verkettung** von zwei Geradenspiegelungen 1. mit derselben Spiegelachse ist die Identität, 2. mit parallelen Spiegelachsen ist eine **Parallelverschiebung** senkrecht zu den Spiegelachsen um deren doppelten Abstand, 3. mit zwei sich in einem Punkt S schneidenden Spiegelachsen ist eine **Drehung** mit dem Punkt S als Drehzentrum. Der zugehörige Drehwinkel ist doppelt so groß wie der Winkel zwischen den beiden Spiegelachsen.	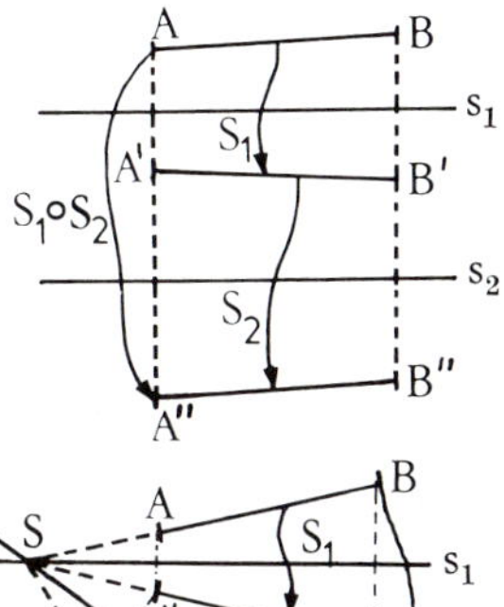 A B s_1 S_1 A′ B′ $S_1 \circ S_2$ s_2 S_2 B″ A″ 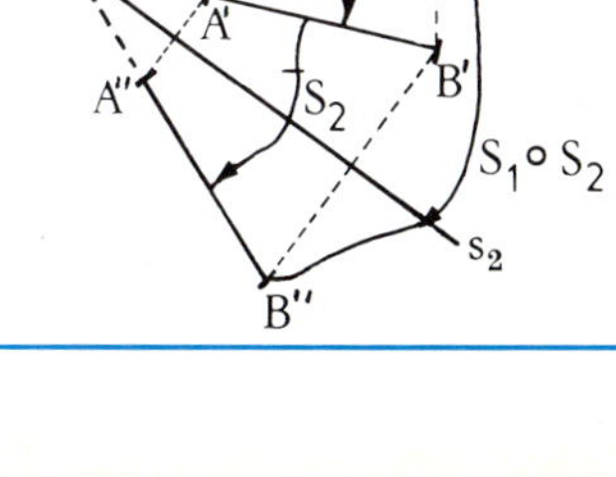 B S A S_1 s_1 A′ A″ S_2 B′ $S_1 \circ S_2$ s_2 B″

Parallel-verschiebung V (Translation)	Eine Abbildung der Ebene auf sich selbst heißt **Parallelverschiebung**, wenn sie folgende Eigenschaften besitzt: 1. Die Abbildung ist umkehrbar. 2. Die Abbildung ist geradentreu. 3. Die Abbildung ist längentreu. 4. Jeder Strahl wird in einen gleichgerichteten Strahl abgebildet.	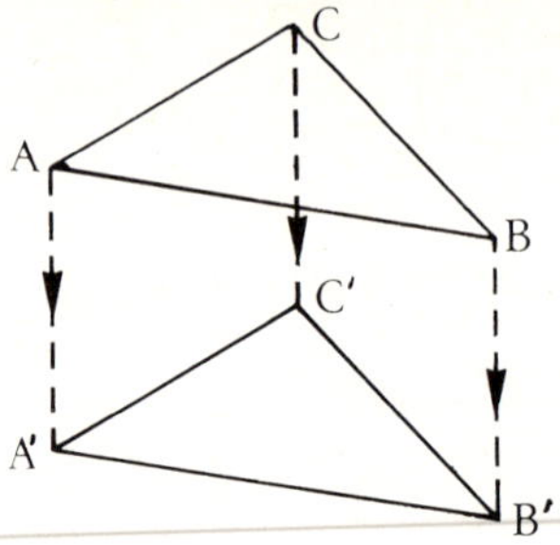 C A B C′ A′ B′
Grundkonstruktion einer Parallel-verschiebung	Die Bildpunkte A′ und B′ zweier Punkte A und B ergeben sich durch Antragen des gleichen Verschiebungsvektors (vgl. Kap. 4.7).	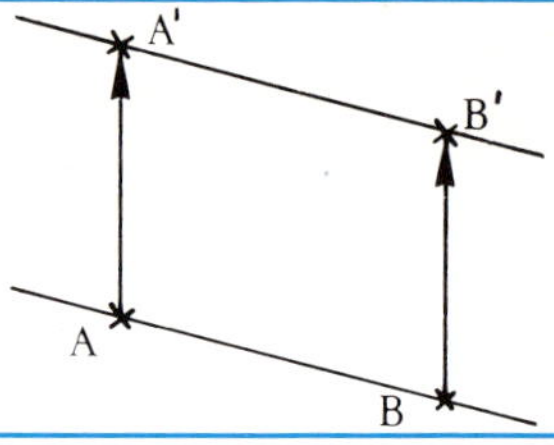 A′ B′ A B
Spezielle Eigenschaften der Parallel-verschiebung V	1. Invarianten der Parallelverschiebung sind Parallelität, Streckenlänge, Richtung des Strahls, Winkelgröße und Umlaufsinn. 2. Die Parallelverschiebung hat keinen Fixpunkt, oder sie ist die Identität.	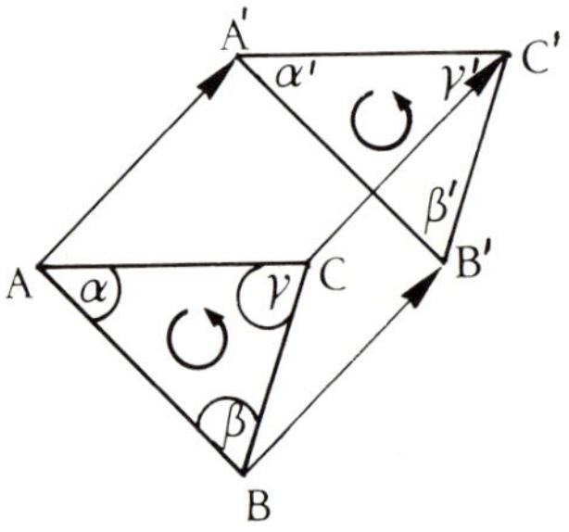 A′ α' γ' C′ β' B′ A α γ C β B
Verkettung $V_1 \circ V_2$	Die Menge der Parallelverschiebungen bildet hinsichtlich der **Verkettung** eine **kommutative Gruppe** (vgl. Kap. 1.14). **Neutrales Element** ist die Identität (Verschiebung um Nullvektor $\vec{0}$).	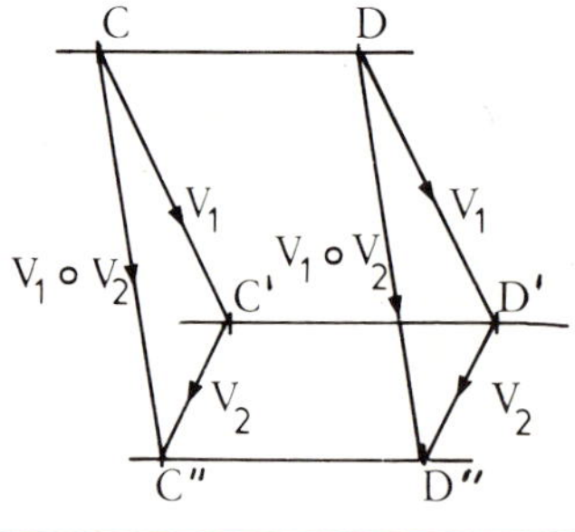 C D V_1 V_1 $V_1 \circ V_2$ C′ $V_1 \circ V_2$ D′ V_2 V_2 C″ D″
Drehung $D_{Z,\alpha}$ **Drehzentrum Z** **Drehwinkel α**	Eine Abbildung heißt **Drehung $D_{Z,\alpha}$**, wenn sie folgende Eigenschaften erfüllt: 1. Die Abbildung ist umkehrbar und geradentreu. 2. Es gibt einen Fixpunkt Z, genannt **Drehzentrum Z.** 3. Für alle Punkte P und Bildpunkte P′ gilt $\overline{ZP} = \overline{ZP'}$. 4. Für alle Punkte P und Bildpunkte P′ der Ebene gilt: **Drehwinkel α = ∢ PZP′** mit $0° < \alpha \leqq 360°$.	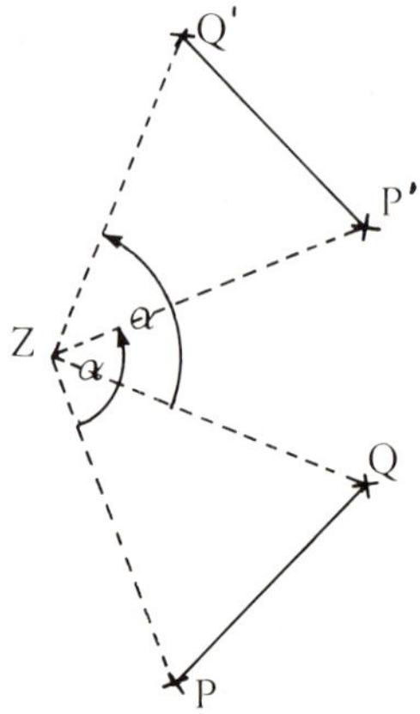 Q′ P′ Z α α Q P

Grundkonstruktion einer Drehung	Bei gegebenem Drehzentrum Z und Drehwinkel α liegt jeder Bildpunkt P' eines Punktes P 1. auf einem Kreis um Z mit Radius $\overline{PZ}$, 2. auf dem freien Schenkel des an $\overline{PZ}$ in Z angetragenen Winkels α.	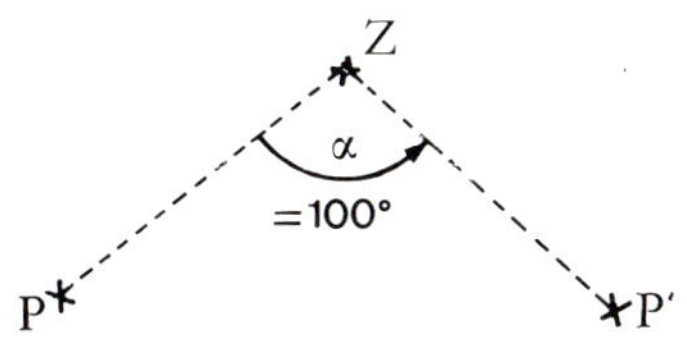
Spezielle Eigenschaften der Drehung $D_{Z,\alpha}$	1. Besitzt eine Drehung außer dem Drehzentrum Z weitere Fixpunkte, ist sie die Identität $D_0 = D_{Z,360°}$. 2. Invarianten der Drehung sind Parallelität, Streckenlänge, Winkelgröße und Umlaufsinn.	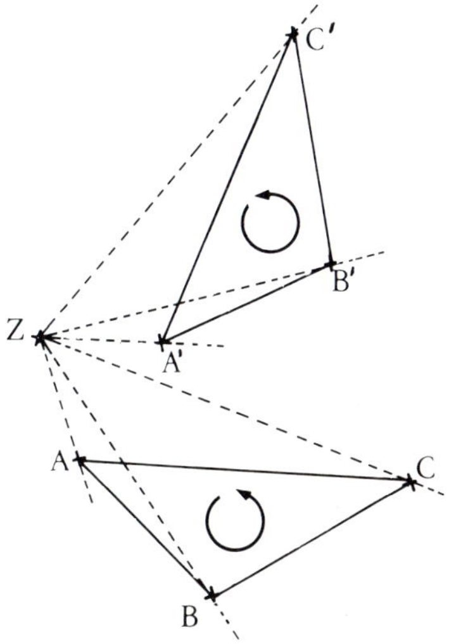
Drehsymmetrie	Eine Figur heißt **drehsymmetrisch** bezüglich eines Drehzentrums Z, wenn sie durch Drehung um Z um den Drehwinkel α $(0° < \alpha < 360°)$ auf sich selbst abgebildet werden kann. Z heißt das **Symmetriezentrum**.	gleichseitiges Dreieck Quadrat regelmäßiges Fünfeck regelmäßiges Sechseck Kreis Stern
Verkettung $D_{Z,\alpha} \circ D_{Z,\beta} = D_{Z,\alpha+\beta}$ $(\alpha + \beta \leqq 360°)$	Die Menge der Drehungen um das gleiche Drehzentrum mit beliebigen Winkeln bildet bezüglich ihrer Verkettung eine **kommutative Gruppe** (vgl. Kap. 1.14.). **Neutrales Element** ist die Identität $D_{Z,360°} = D_0$. **Inverses Element** zu $D_{Z,\alpha}$ ist $D_{Z,360°-\alpha}$. Es gilt $D_{Z,\alpha} \circ D_{Z,\beta} = D_{Z,\alpha+\beta} = D_{Z,\beta+\alpha} = D_{Z,\beta} \circ D_{Z,\alpha}$	Drehgruppe des Quadrats (vgl. S. 44): Alle Drehungen des Quadrats um seinen Mittelpunkt, durch die das Quadrat auf sich selbst abgebildet wird. $D_1 = D_{M,90°}$ $D_2 = D_{M,180°}$ $D_3 = D_{M,270°}$ $D_0 = D_{M,360°}$ 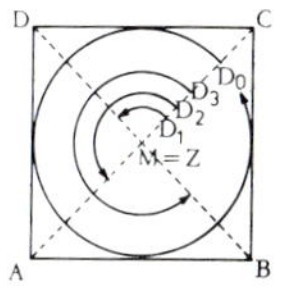 Gruppentafel:

$\circ$	D_0	D_1	D_2	D_3
D_0	D_0	D_1	D_2	D_3
D_1	D_1	D_2	D_3	D_0
D_2	D_2	D_3	D_0	D_1
D_3	D_3	D_0	D_1	D_2

Punktspiegelung $D_{Z, 180°} = D_{180°}$	Eine Drehung um ein Drehzentrum Z um 180° heißt **Halbdrehung** oder **Punktspiegelung**.	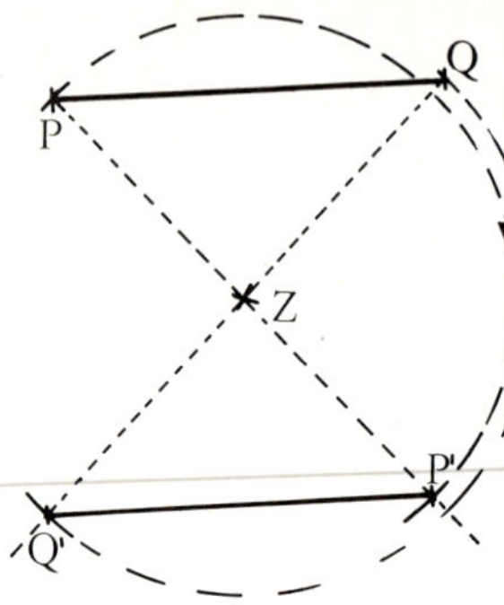
Grundkonstruktion einer Punktspiegelung	Bei einem gegebenen Zentrum Z liegt der Bildpunkt P′ eines Punktes P 1. auf der Verbindungsgeraden mit Z, 2. auf einem Kreis um Z mit dem Radius $\overline{PZ}$.	
Spezielle Eigenschaften der Punktspiegelung	Invarianten der Punktspiegelung sind Parallelität, Streckenlänge, Winkelgröße, Umlaufsinn und Richtung der Geraden. Die Orientierung des Strahls verändert sich. Jede Gerade geht durch eine Punktspiegelung in eine parallele Gerade über.	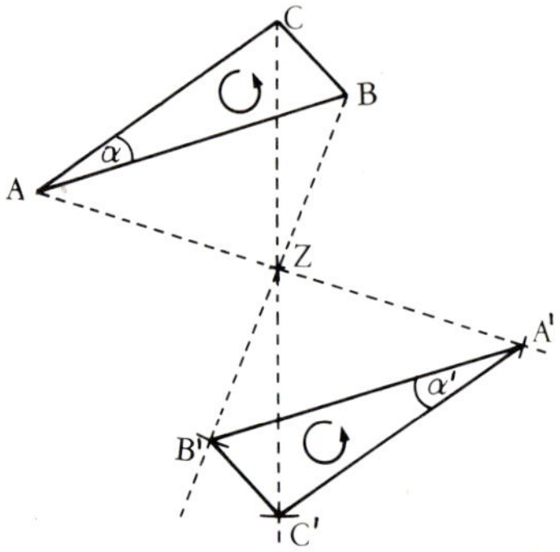
Punktsymmetrie	Figuren, die durch eine Punktspiegelung auf sich selbst abgebildet werden können, nennt man **punktsymmetrisch**.	Parallelogramm Rechteck, Quadrat Raute, Kreis regelmäßiges Sechseck
Verkettung $D_{180°} \circ D_{180°} = D_{360°} = D_0$	Die **Verkettung** von zwei Punktspiegelungen am gleichen Zentrum ist die **Identität**.	
Kongruenz	Geometrische Figuren heißen genau dann **kongruent**, wenn sie durch eine Kongruenzabbildung ineinander überführt werden können. (Vgl. **Kongruenzsätze** Kap. 4.3)	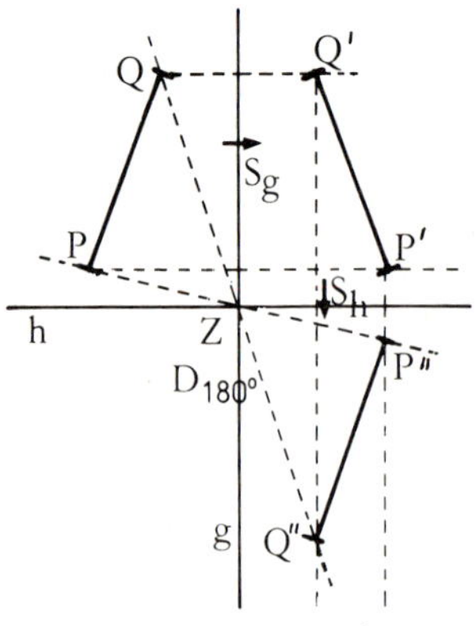
Kongruenzabbildung K	Jede beliebige **Verkettung** von Geradenspiegelungen, Parallelverschiebungen, Drehungen und Punktspiegelungen heißt **Kongruenzabbildung**. Insbesondere sind die genannten Abbildungen selbst Kongruenzabbildungen.	$S_g \circ S_h = D_{180°} \Leftrightarrow g \perp h$
Bewegung	Läßt eine Kongruenzabbildung den Umlaufsinn invariant, heißt sie **gleichsinnige Kongruenzabbildung** oder **Bewegung**.	Drehung Parallelverschiebung Punktspiegelung

<table>
<tr>
<td>uneigentliche Bewegung</td>
<td>Ändert eine Kongruenzabbildung den Umlaufsinn, heißt sie ungleichsinnige Kongruenzabbildung oder uneigentliche Bewegung.</td>
<td>Geradenspiegelung</td>
</tr>
<tr>
<td>Gruppe der Kongruenzabbildungen</td>
<td>Die Kongruenzabbildungen bilden hinsichtlich ihrer Verkettung eine Gruppe.
(vgl. Kap. 1.14)
Beispiel:
Deckabbildungen des Rechtecks
S_g: Geradenspiegelung an g
S_h: Geradenspiegelung an h, $h \perp g$
D_0: Drehung um Mittelpunkt M mit dem Drehwinkel $\alpha = 360°$
(Identität $D_0 = D_{M,360°}$)
D_2: Halbdrehung oder Punktspiegelung am Mittelpunkt M ($D_2 = D_{M,180°}$)</td>
<td>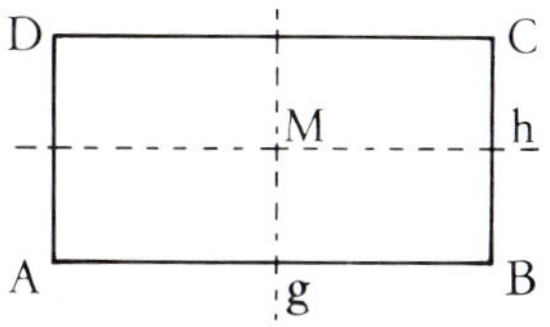

Gruppentafel (vgl. S. 44)
<table>
<tr><th>$\circ$</th><th>D_0</th><th>D_2</th><th>S_g</th><th>S_h</th></tr>
<tr><td>D_0</td><td>D_0</td><td>D_2</td><td>S_g</td><td>S_h</td></tr>
<tr><td>D_2</td><td>D_2</td><td>D_0</td><td>S_h</td><td>S_g</td></tr>
<tr><td>S_g</td><td>S_g</td><td>S_h</td><td>D_0</td><td>D_2</td></tr>
<tr><td>S_h</td><td>S_h</td><td>S_g</td><td>D_2</td><td>D_0</td></tr>
</table></td>
</tr>
<tr>
<td>Gleitspiegelung G</td>
<td>Werden eine Parallelverschiebung und eine Geradenspiegelung verkettet, heißt die Kongruenzabbildung Gleitspiegelung oder Schubspiegelung ($G_1 = S \circ V$, $G_2 = V \circ S$)
Die Parallelverschiebung kann dabei auch durch Verkettung zweier Geradenspiegelungen ersetzt werden.
Erfolgt die Parallelverschiebung parallel zur Spiegelachse, gilt $G_1 = G_2 = S \circ V = V \circ S$.</td>
<td>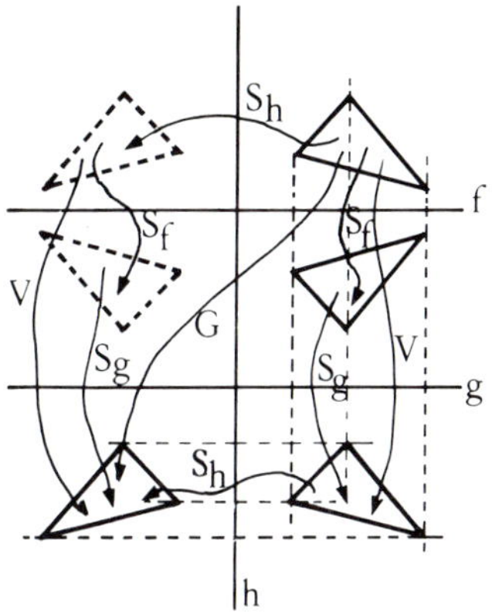

$S_f \circ S_g = V$
$(S_f \circ S_g) \circ S_h = V \circ S_h = G$
$S_h \circ (S_f \circ S_g) = S_h \circ V = G$</td>
</tr>
<tr>
<td>Zentrische Streckung Z</td>
<td>Eine geradentreue, umkehrbare Abbildung der Ebene auf sich heißt zentrische Streckung, wenn sie folgende Eigenschaften besitzt:
1. Es gibt einen Fixpunkt, das Streckungszentrum S.
2. Geraden durch S sind Fixgeraden
3. Das Verhältnis der Längen der Bildstrecken und ihrer Urbildstrecken hat einen festen Wert k ($k \neq 0$).
k heißt Streckungsfaktor oder Streckungsmaßstab.</td>
<td>$k = +\frac{5}{3}$
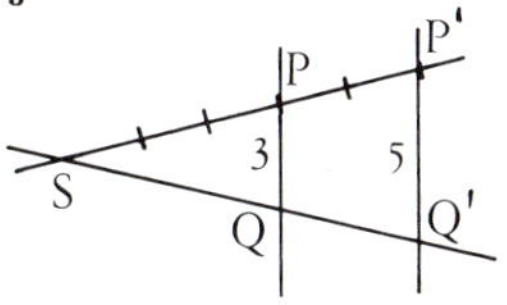

$k = -\frac{3}{4}$
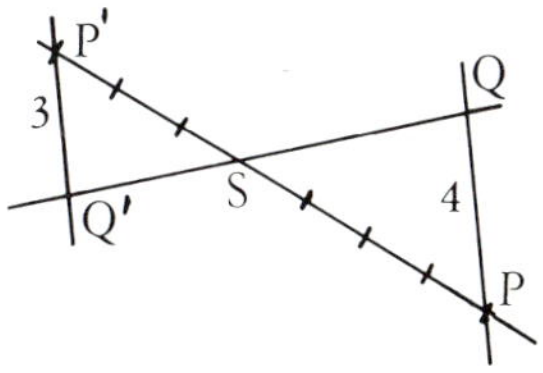
</td>
</tr>
</table>

$k > 0$ **$k < 0$** **$k = \pm 1$**	Durch das Vorzeichen von k ist bestimmt, ob die Punkte mit ihren Bildpunkten auf derselben Seite von S liegen ($k > 0$) oder ob S zwischen den Punkten und ihren Bildpunkten liegt ($k < 0$). Für $k = 1$ ergibt sich die Identität, für $k = -1$ die Punktspiegelung an S.	$k = -\frac{2}{1} = -2$ 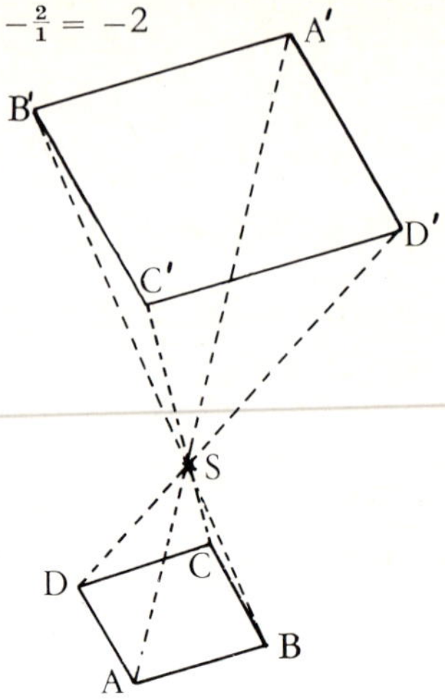 A′ B′ D′ C′ S D C B A
Grundkonstruktion der zentrischen Streckung	Bei gegebenen Streckungszentrum S und Streckungsfaktor k ($\neq 0$) wählt man zunächst einen Punkt A und bestimmt dazu A′ auf der Geraden durch A und S mit $\overline{A'S} = k \cdot \overline{AS}$. Der Bildpunkt jedes weiteren Punktes P liegt nun 1. auf der Geraden durch P und S, 2. auf der Parallelen zu $\overline{PA}$ durch A′.	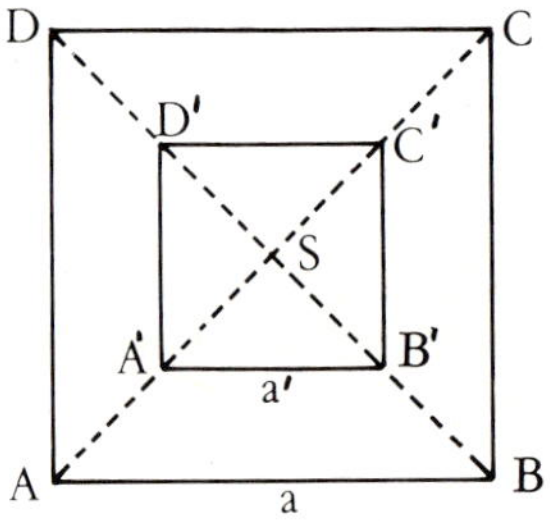 D C D′ C′ S A′ B′ a′ A B a
Spezielle Eigenschaften von Z	Invarianten der zentrischen Streckung sind Parallelität, Umlaufsinn, Streckenverhältnis und Winkelgröße. Streckenlänge und Flächengröße ändern sich. ($k \neq \pm 1$)	
Flächeninhalt	Die Bildfigur eines Vielecks oder Kreises ist ein Vieleck oder Kreis mit k^2-fachem Flächeninhalt.	siehe obiges Quadrat $A = a^2$ $a \xrightarrow{Z} a' = \frac{1}{2}a \quad (k = \frac{1}{2})$ $\Rightarrow A' = (\frac{1}{2}a)^2 = \frac{1}{4}a^2$
$Z_1 \circ Z_2 = Z_2 \circ Z_1$	Die Menge der zentrischen Streckungen am gleichen Streckungszentrum bildet hinsichtlich ihrer Verkettung eine **kommutative Gruppe** (vgl. Kap. 1.14).	

Strahlensätze	**Erster Strahlensatz:** Werden Strahlen von Parallelen geschnitten, so ist das Verhältnis der Streckenabschnitte der einzelnen Strahlen jeweils gleich.	$\frac{\overline{A_1A_2}}{\overline{SA_2}} = \frac{\overline{B_1B_2}}{\overline{SB_2}}$; $\frac{\overline{SA_1}}{\overline{SA_2}} = \frac{\overline{SB_1}}{\overline{SB_2}}$; $\frac{\overline{A_1A_2}}{\overline{A_1A_3}} = \frac{\overline{B_1B_2}}{\overline{B_1B_3}}$; $\frac{\overline{SA_1}}{\overline{SA_3}} = \frac{\overline{SB_1}}{\overline{SB_3}}$ 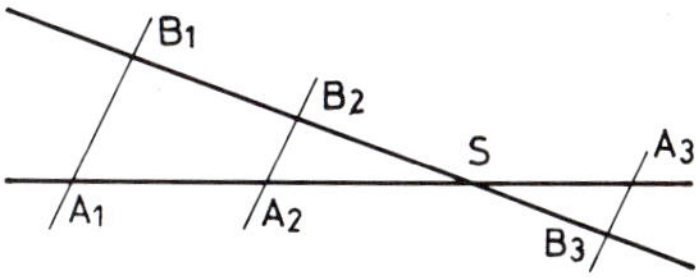
	Zweiter Strahlensatz: Das Verhältnis der Parallelenabschnitte ist dem Verhältnis der vom Scheitelpunkt aus gemessenen Streckenabschnitte gleich.	$\frac{\overline{A_1B_1}}{\overline{A_2B_2}} = \frac{\overline{SA_1}}{\overline{SA_2}} = \frac{\overline{SB_1}}{\overline{SB_2}}$ $\frac{\overline{A_1B_1}}{\overline{A_3B_3}} = \frac{\overline{SA_1}}{\overline{SA_3}} = \frac{\overline{SB_1}}{\overline{SB_3}}$ $\frac{\overline{A_2B_2}}{\overline{A_3B_3}} = \frac{\overline{SA_2}}{\overline{SA_3}} = \frac{\overline{SB_2}}{\overline{SB_3}}$
Ähnlichkeitsabbildung $A_1 = K \circ Z$ $A_2 = Z \circ K$	Jede Verkettung einer Streckung Z mit einer Kongruenzabbildung K heißt eine **Ähnlichkeitsabbildung A.**	$A = Z \circ S = S \circ Z$, weil $S \in g$ (Streckungszentrum ist Punkt der Spiegelachse g) 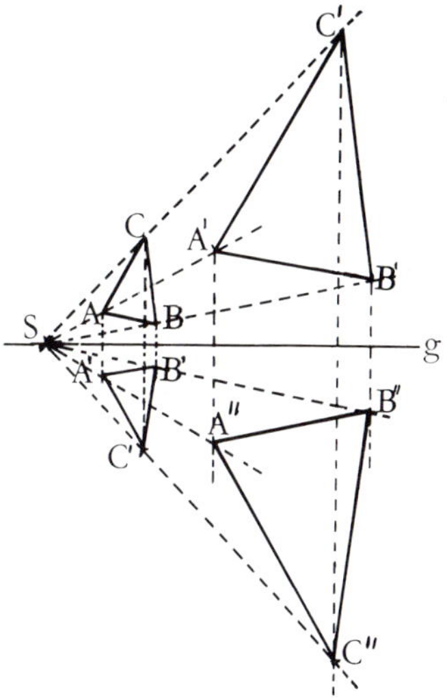
Ähnlichkeit	Figuren, die durch eine Ähnlichkeitsabbildung ineinander überführt werden können, heißen **ähnlich.**	
Ähnlichkeitssätze	Siehe Ähnlichkeitssätze am Dreieck Kap. 4.3.	
Eigenschaften	Invarianten einer Ähnlichkeitsabbildung sind Parallelität, Streckenverhältnis und Winkelgröße. Streckenlänge, Flächeninhalt, Orientierung der Geraden verändern sich ($k \neq \pm 1$). Der Umlaufsinn bleibt gleich oder verändert sich, je nach angewandter Kongruenzabbildung K.	$A = Z \circ D_{Z,\alpha} = D_{Z,\alpha} \circ Z$, weil $S = Z$ (Streckungszentrum S = Drehzentrum Z) 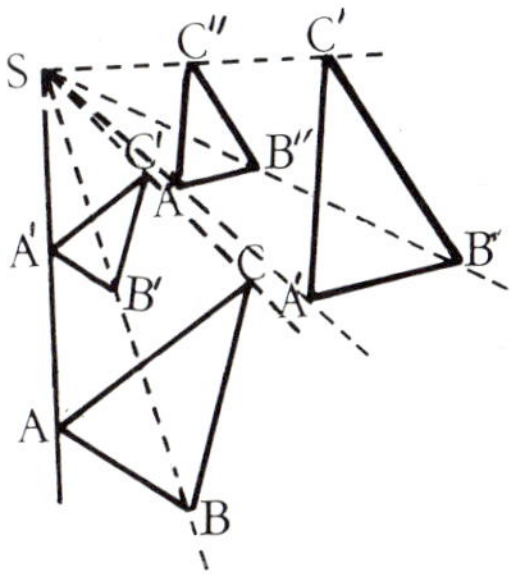
Verkettung $A_1 \circ A_2$	Die Ähnlichkeitsabbildungen bilden den hinsichtlich ihrer Verkettung eine nichtkommutative Gruppe (vgl. Kap. 1.14).	

4

Scherung	Eine geradentreue, umkehrbare Abbildung der Ebene auf sich selbst heißt **Scherung**, wenn sie folgende Eigenschaften erfüllt: 1. Es gibt eine Fixpunktgerade, die Scherungsachse s. 2. Die Parallelen zur Scherungsachse sind Fixgeraden.	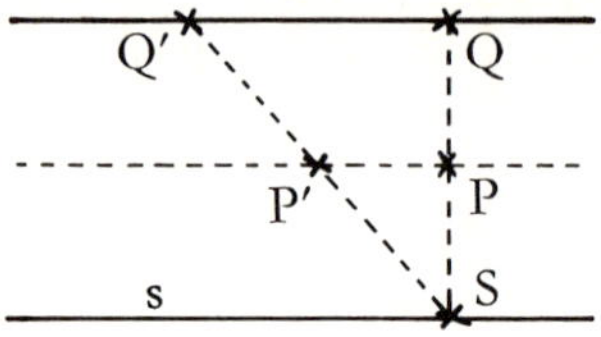 Q′ Q P′ P s S
Grundkonstruktion einer Scherung	Bei gegebener Scherungsachse s und einem Punktpaar B, B′ mit $\overline{BB'} \parallel s$ liegt das Bild A′ eines Punktes A 1. auf der Parallelen zu s durch A, 2. auf der Geraden durch S_2 und B′, wobei S_2 der Schnittpunkt der Geraden $\overline{BA}$ mit der Scherungsachse s ist.	Scherung eines Dreiecks 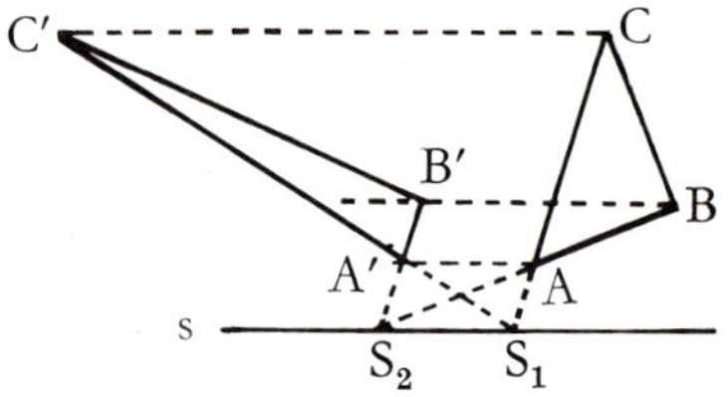 C′ C B′ B A′ A s S_2 S_1
Flächentreue der Scherung	Obwohl die Scherung keine Kongruenzabbildung ist, bleibt der Flächeninhalt von Vielecken bei der Scherung erhalten.	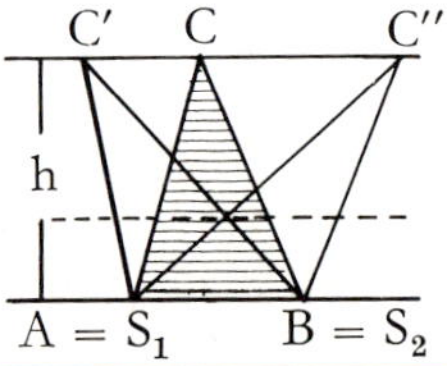 C′ C C″ h $A = S_1$ $B = S_2$
Eigenschaften der Scherung	Invarianten der Scherung sind Parallelität, das Verhältnis der Längen paralleler Strecken, der Umlaufsinn und die Flächengröße. Streckenlänge, Streckenverhältnisse, Winkelgröße sowie die Richtung von Geraden verändern sich.	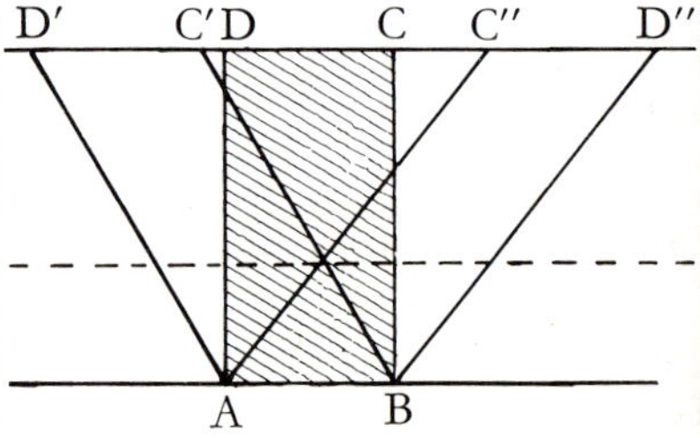 D′ C′D C C″ D″ A B
Verkettung von Scherungen	Scherungen mit derselben Scherungsachse bilden hinsichtlich ihrer Verkettung eine kommutative Gruppe.	

4.3 Dreieck

Höhe	Fällt man von den Ecken eines Dreiecks die Lote auf die jeweils gegenüberliegenden Seiten, so erhält man die **Höhen** des Dreiecks. Sie schneiden sich in einem Punkt H.	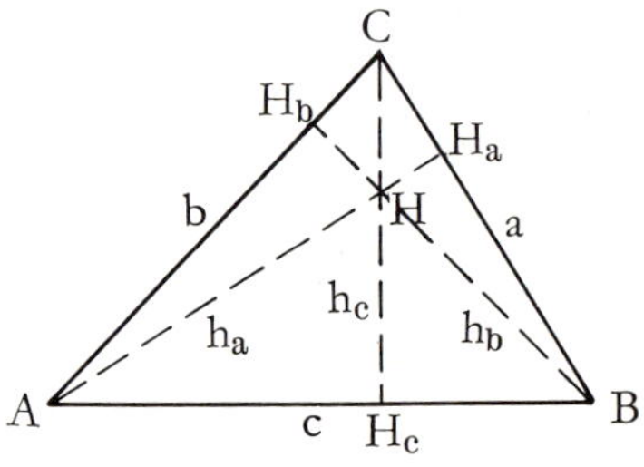 C H_b H_a b H a h_c h_a h_b A c H_c B

Seitenhalbierende	Halbiert man die Seiten eines Dreiecks und verbindet die Halbierungspunkte mit den gegenüberliegenden Ecken, nennt man die jeweiligen Verbindungsstrecken **Seitenhalbierende**. Die drei Seitenhalbierenden schneiden sich in einem Punkt, dem **Schwerpunkt S.** Der Schwerpunkt teilt jede Seitenhalbierende im Verhältnis 2 : 1.	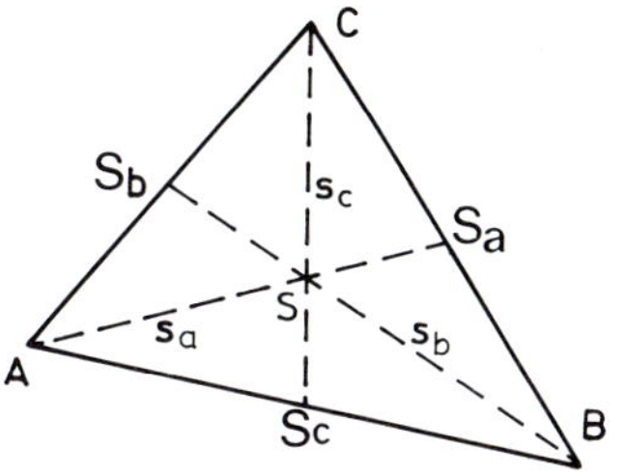
Winkelhalbierende	Die **Winkelhalbierenden** schneiden sich in einem Punkt O. Dies ist der **Mittelpunkt des Inkreises.** Der Radius ρ des Inkreises ist der Abstand von O zu den Seiten.	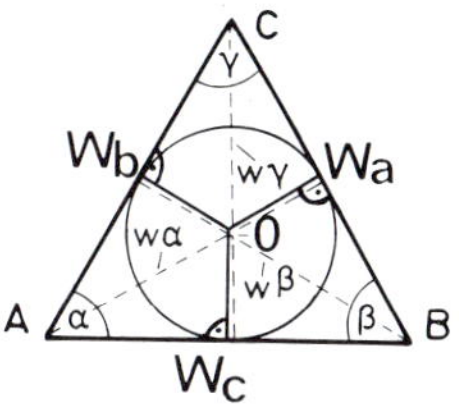
Mittelsenkrechte	Die Senkrechten in den Mittelpunkten der Seiten heißen **Mittelsenkrechten**. Sie schneiden sich in einem Punkt M, dem **Mittelpunkt des Umkreises.** Der Radius r des Umkreises ergibt sich als Verbindungsstrecke von M zu den Eckpunkten.	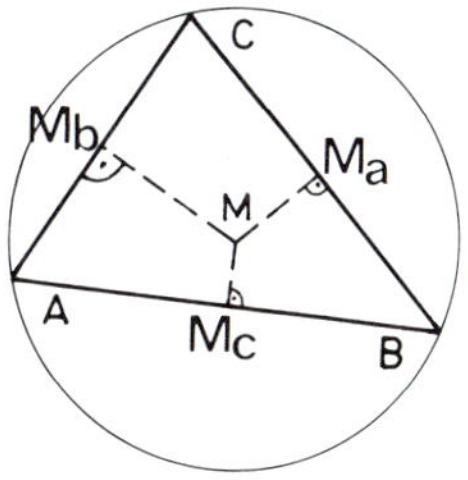
$A = \frac{1}{2} a h_a$ $= \frac{1}{2} b h_b$ $= \frac{1}{2} c h_c$	Der **Flächeninhalt** eines Dreiecks ergibt sich als die Hälfte des Produktes aus den Längen einer Seite und der zu ihr gehörigen Höhe.	
Gleichschenkliges Dreieck	Ein Dreieck heißt **gleichschenklig**, wenn zwei Seiten gleich lang sind. Diese beiden gleichlangen Seiten heißen **Schenkel**, die dritte Seite heißt **Basis**. Die an der Basis liegenden Winkel (**Basiswinkel**) sind gleich groß. Gleichschenklige Dreiecke sind spiegelsymmetrisch zu der Mittelsenkrechten der Basis.	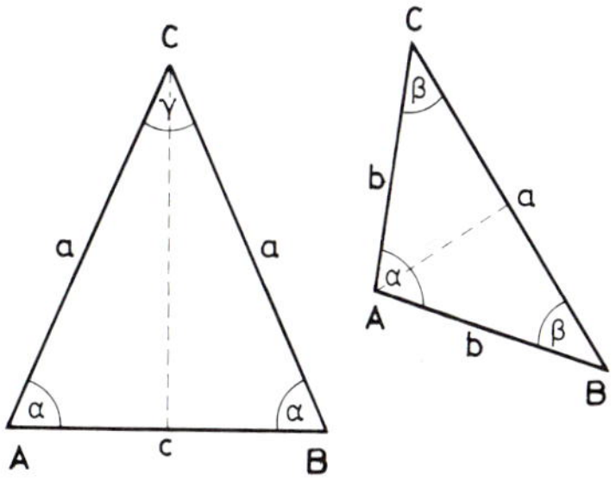
Gleichseitiges Dreieck	Sind alle drei Seiten gleich lang oder alle drei Winkel gleich groß (60°), heißt ein Dreieck **gleichseitig.** In solchen Dreiecken fallen Höhen, Seitenhalbierende, Winkelhabierende und Mittelsenkrechten zusammen. Es existieren drei Spiegelachsen.	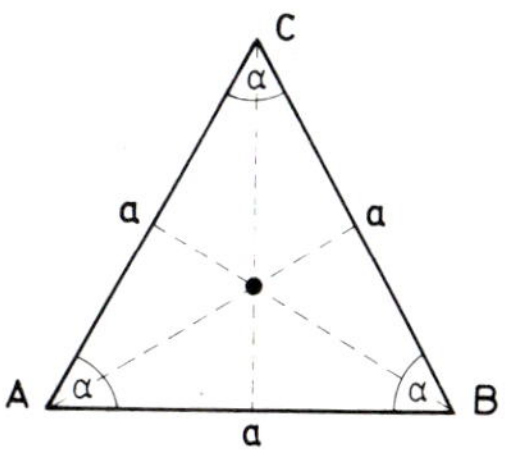 $\alpha = 60°$

Rechtwinkliges Dreieck $A = \frac{1}{2} ab,\ a \perp b$ $= \frac{1}{2} ac,\ a \perp c$ $= \frac{1}{2} bc,\ b \perp c$	Ist ein Winkel im Dreieck 90°, so heißt das Dreieck **rechtwinklig**. Die zwei an dem rechten Winkel liegenden Seiten nennt man **Katheten**, die dem rechten Winkel gegenüberliegende Seite **Hypotenuse**. Sind beide Katheten gleich lang, handelt es sich um ein **rechtwinklig-gleichschenkliges Dreieck**. Der Flächeninhalt ergibt sich bei rechtwinkligen Dreiecken als die Hälfte des Produktes der Längen der Katheten. 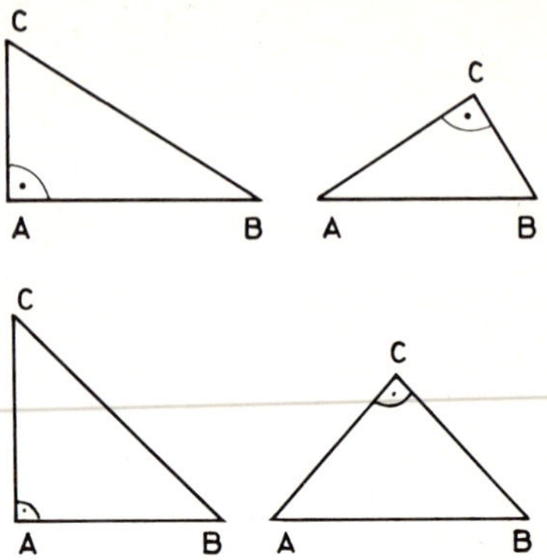
$a^2 + b^2 = c^2$ $a^2 = c^2 - b^2$ $b^2 = c^2 - a^2$	Lehrsatz des **Pythagoras:** In einem rechtwinkligen Dreieck ist die Summe der Flächeninhalte der Quadrate über den Katheten flächeninhaltsgleich der Fläche des Quadrates über der Hypotenuse. Zahlenbeispiel: $a = 3$ cm, $b = 4$ cm $\Rightarrow c^2 = 9\ \text{cm}^2 + 16\ \text{cm}^2$ $\Leftrightarrow c^2 = 25\ \text{cm}^2$ $\Leftrightarrow c = 5$ cm 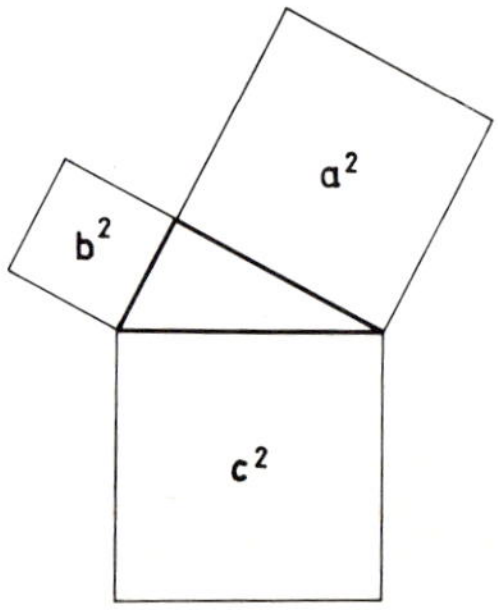
$a^2 = cp$ $b^2 = cq$	**Kathetensatz:** In einem rechtwinkligen Dreieck ist das Quadrat über einer Kathete flächeninhaltsgleich dem Rechteck aus der Hypotenuse und dem entsprechenden, durch die Höhe h abgeteilten, Hypotenusenabschnitt. 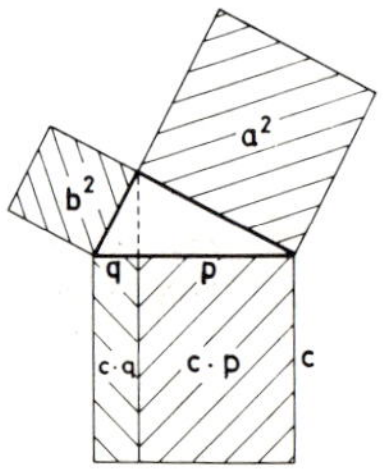
$h^2 = pq$	**Höhensatz:** In einem rechtwinkligen Dreieck ist das Quadrat über der Höhe flächeninhaltsgleich dem Rechteck aus den beiden Hypotenusenabschnitten. 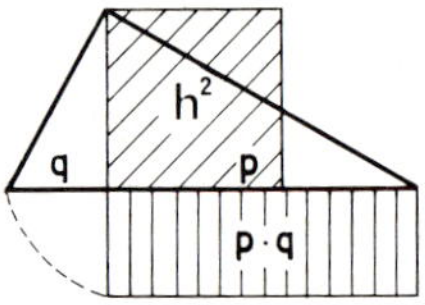
Kongruenzsätze	Dreiecke sind **kongruent** (deckungsgleich), wenn sie übereinstimmen in: ① drei Seiten (**sss**) ② zwei Seiten und dem eingeschlossenen Winkel (**sws**) ③ zwei Seiten und dem Gegenwinkel der längeren Seite (**Ssw**) ④ einer Seite und den beiden anliegenden Winkeln (**wsw**) 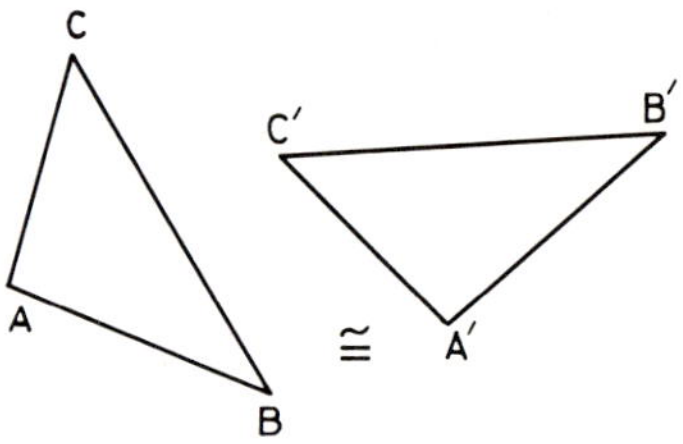

Ähnlichkeits-sätze	Zwei Dreiecke sind **ähnlich**, wenn sie übereinstimmen: ① im Verhältnis der drei Seiten ② im Verhältnis zweier Seiten und dem eingeschlossenen Winkel ③ im Verhältnis zweier Seiten und dem Gegenwinkel der längeren Seite ④ in zwei Winkeln	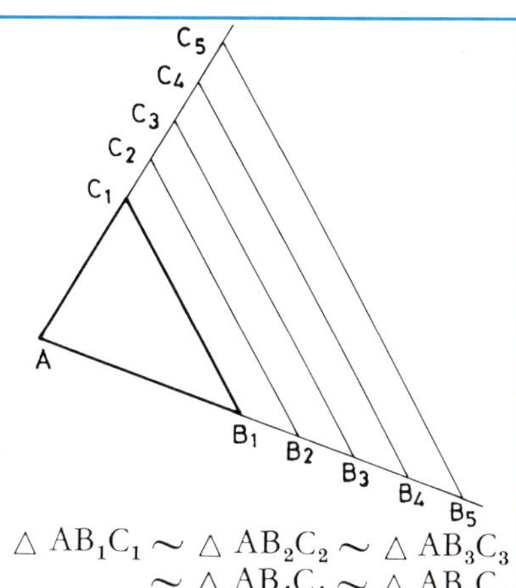 $\triangle AB_1C_1 \sim \triangle AB_2C_2 \sim \triangle AB_3C_3 \sim \triangle AB_4C_4 \sim \triangle AB_5C_5$

4.4 Vierecke

Quadrat $d = a\sqrt{2}$ $U = 4a$ $A = a^2$	Ein **Quadrat** besitzt vier gleich lange Seiten, vier rechte Winkel und vier Spiegelachsen, nämlich die Diagonalen und die Parallelen zu den Seiten durch den Diagonalschnittpunkt. Jedes Quadrat ist auch ein Parallelogramm, eine Raute, ein Rechteck. Die beiden **Diagonalen** sind gleich lang, stehen senkrecht aufeinander und halbieren sich. **Umfang** eines Quadrates **Flächeninhalt** eines Quadrates	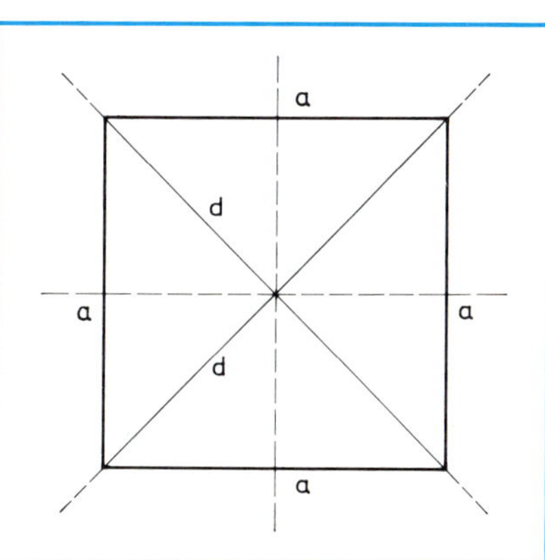
Rechteck $d = \sqrt{a^2 + b^2}$ $U = 2(a + b)$ $= 2a + 2b$ $A = ab$	Ein **Rechteck** ist durch vier rechte Winkel gekennzeichnet. Die parallel zueinander verlaufenden Seiten sind dann gleich lang. Es besitzt zwei Spiegelachsen. Jedes Rechteck ist auch ein Parallelogramm. Beide **Diagonalen** sind gleichlang. **Umfang** eines Rechtecks 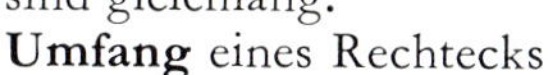 **Flächeninhalt** eines Rechtecks	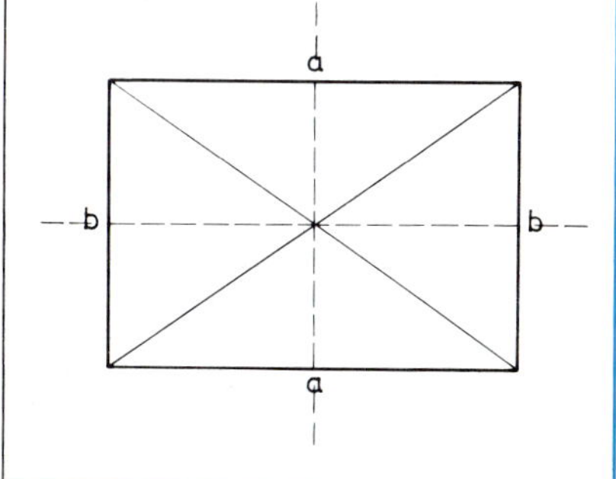
Raute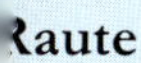 $e^2 + f^2 = 4a^2$ $U = 4a$ $A = \frac{1}{2}ef$	Eine **Raute** ist durch vier gleich lange Seiten gekennzeichnet, die gegenüberliegenden Winkel sind gleich groß. Sie besitzt zwei Diagonalen e und f als Spiegelachsen. Jede Raute ist auch ein Parallelogramm. Die beiden **Diagonalen** stehen senkrecht aufeinander. **Umfang** einer Raute **Flächeninhalt** einer Raute	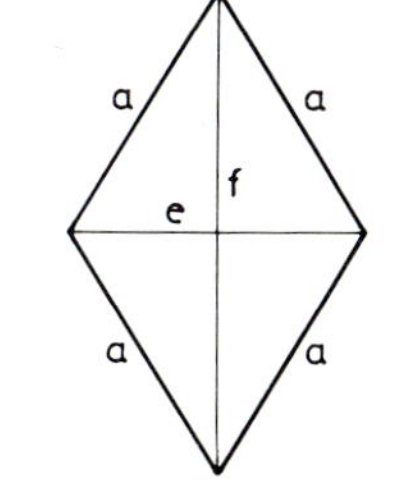

Parallelogramm $U = 2(a + b)$ $= 2a + 2b$ $A = ah_a = bh_b$	In einem **Parallelogramm** sind die gegenüberliegenden, parallelen Seiten gleich lang, die gegenüberliegenden Winkel gleich groß. Es ist punktsymmetrisch. Im Parallelogramm halbieren sich die Diagonalen. **Umfang** eines Parallelogramms **Flächeninhalt** eines Parallelogramms	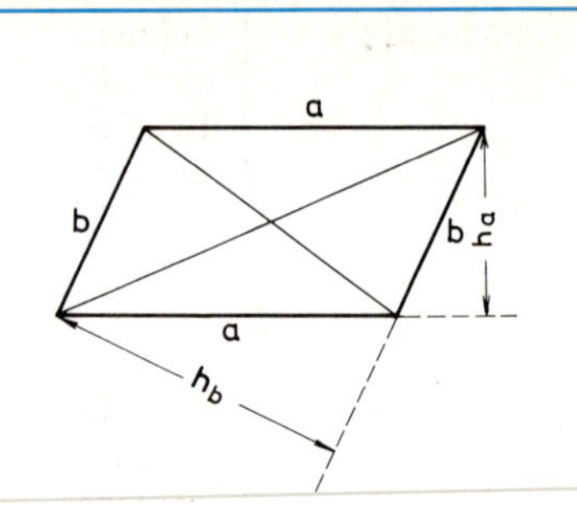
Drachenviereck $U = 2(a + b)$ $= 2a + 2b$ $A = \frac{1}{2}ef$	In einem **Drachenviereck** sind zwei Paare benachbarter Seiten gleich lang. Es besitzt eine Spiegelachse. Die beiden Diagonalen stehen senkrecht aufeinander. Das Drachenviereck besitzt ein Paar gleich großer Gegenwinkel. Die beiden anderen Winkel werden durch eine Diagonale halbiert. **Umfang** eines Drachenvierecks **Flächeninhalt** eines Drachenvierecks	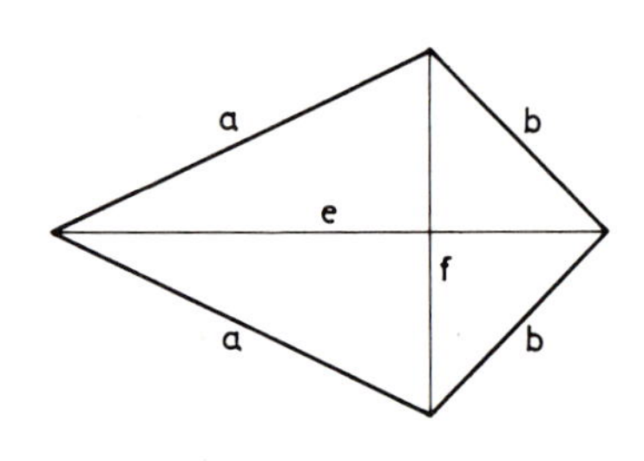
Trapez $m = \frac{1}{2}(a + c)$ $U = a + b + c + d$ $A = mh = \frac{(a + c)h}{2}$	In einem **Trapez** sind genau zwei Seiten **parallel**, die **Grundseiten**. Die beiden anderen Seiten heißen **Schenkel**. Sind diese gleich lang, ist das Trapez **gleichschenklig**. Die **Mittelparallele** ist das arithmetische Mittel der Grundseiten. **Umfang** eines Trapezes **Flächeninhalt** eines Trapezes	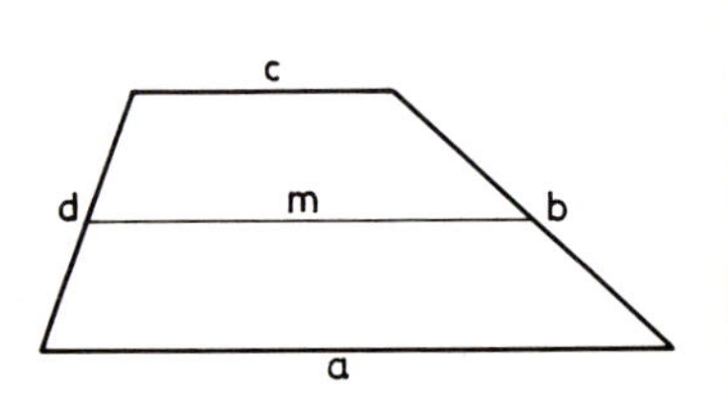

4.5 Kreis, Kreisteile, Ellipse

Umfangswinkel **Mittelpunktswinkel** **Sehnen-Tangentenwinkel**	**Umfangswinkel** über derselben Sehne sind gleich groß. (vgl. Thales-Satz 4.1) **Mittelpunktswinkel** sind doppelt so groß wie die Umfangswinkel über derselben Sehne. **Sehnen-Tangentenwinkel** sind gleich groß wie Umfangswinkel.	
Sehnensatz	Schneiden sich zwei Sehnen eines Kreises, so ist das Rechteck (Produkt) aus den Abschnitten der einen Sehne flächeninhaltsgleich dem Rechteck (Produkt) aus den Abschnitten der anderen. $\overline{CS} \cdot \overline{DS} = \overline{AS} \cdot \overline{BS}$	

Sekantensatz	Schneiden sich zwei Sekanten eines Kreises, so sind jeweils die Rechtecke (Produkte) aus den Sekantenabschnitten flächeninhaltsgleich. $\overline{SD} \cdot \overline{SC} = \overline{SB} \cdot \overline{SA}$ 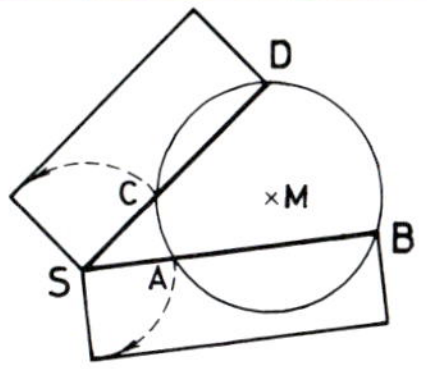
Sekanten-Tangentensatz	Schneiden sich eine Sekante und eine Tangente eines Kreises, so ist das Quadrat über dem Tangentenabschnitt flächeninhaltsgleich dem Rechteck (Produkt) aus den Sekantenabschnitten. $\overline{SA}^2 = \overline{SD} \cdot \overline{SC}$ Die Länge des Tangentenabschnittes ist die mittlere Proportionale (geometrisches Mittel) zwischen den Längen der Sekantenabschnitte. 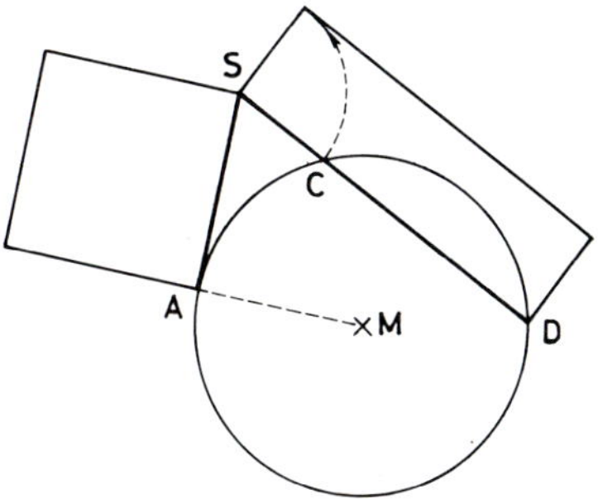
Sehnenviereck	In einem Sehnenviereck ist die Summe zweier Gegenwinkel 180°. $\alpha + \gamma = \beta + \delta = 180°$ 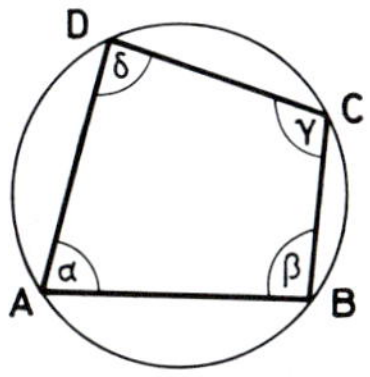
Tangentenviereck	In einem Tangentenviereck ist die Summe der Längen zweier Gegenseiten gleich der Summe der Längen der beiden anderen. $a + c = b + d$ 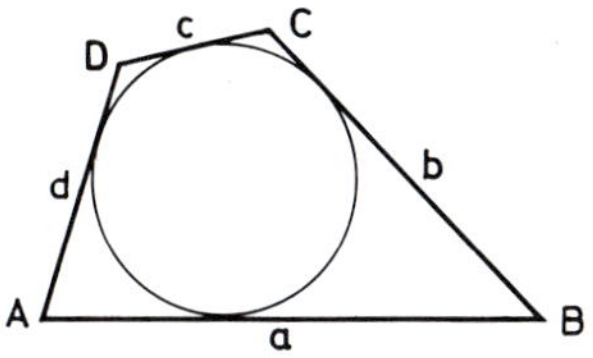
$U = 2\pi r = \pi d$	**Kreisumfang** 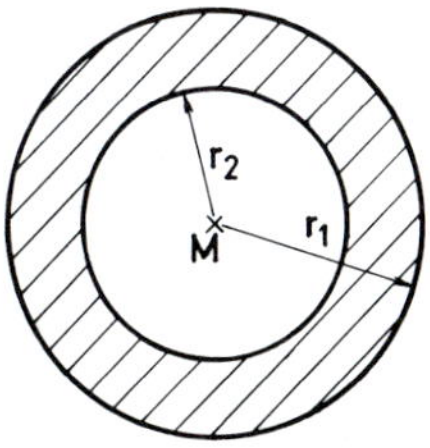
$A = \pi r^2 = \frac{\pi}{4} d^2$	**Flächeninhalt eines Kreises**
$A = \pi(r_1^2 - r_2^2) = \pi(r_1 + r_2) \cdot (r_1 - r_2)$	**Flächeninhalt eines Kreisringes**
$b = \pi r \frac{\alpha}{180°}$	**Kreisbogen** ($\widehat{AB}$) 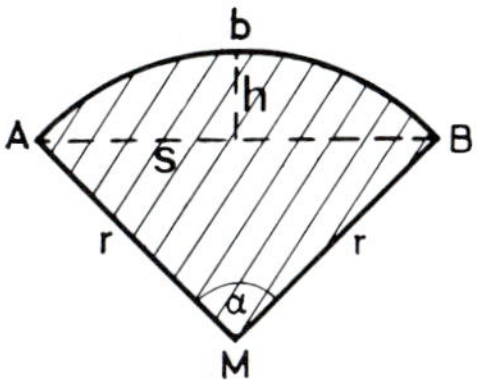
$A = \pi r^2 \cdot \frac{\alpha}{360°} = \frac{b \cdot r}{2}$	Flächeninhalt eines **Kreisausschnittes** (Sektor)
$A \approx \frac{2}{3} sh = \frac{r^2}{2}\left(\frac{\pi\alpha}{180°} - \sin\alpha\right)$	Flächeninhalt eines **Kreisabschnittes** (Segment) 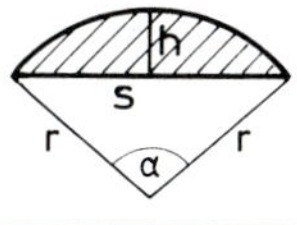

Ellipse $e = \sqrt{a^2 - b^2}$ $r_1 + r_2 = 2a$ $U \approx \pi(a + b)$ $A = \pi ab$	Eine **Ellipse** ist durch zwei **Halbachsen** a und b gekennzeichnet. Sie besitzt neben einem Mittelpunkt (Schnittpunkt der Halbachsen) zwei **Brennpunkte** F_1 und F_2. Für die Entfernung e der Brennpunkte vom Mittelpunkt gilt $e = \sqrt{a^2 - b^2}$. Für jeden Punkt der Ellipse ist die Summe der Entfernungen von den zwei Brennpunkten konstant und gleich der doppelten Länge der größeren Halbachse. **Umfang** einer Ellipse **Flächeninhalt** einer Ellipse	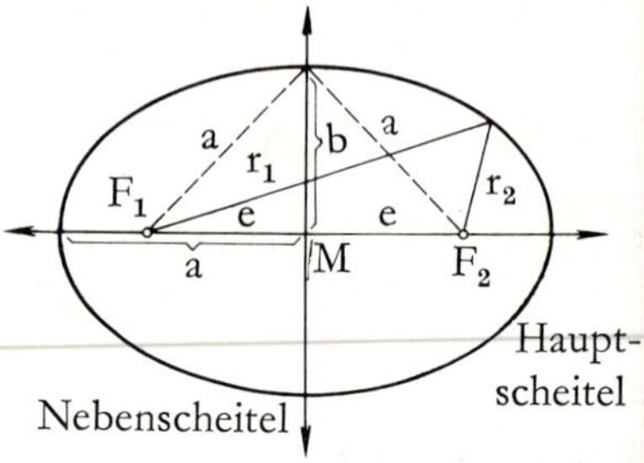

4.6 Körper und Körperberechnung

Würfel $d = a\sqrt{3}$ $O = 6a^2$ $V = a^3$	Ein **Würfel** ist ein Körper mit 6 gleichen, quadratischen Flächen (Hexaeder). Ein Würfel hat 8 Ecken und 12 Kanten. Ein Würfel besitzt 4 gleich lange Raumdiagonalen. **Oberfläche** des Würfels **Volumen** des Würfels	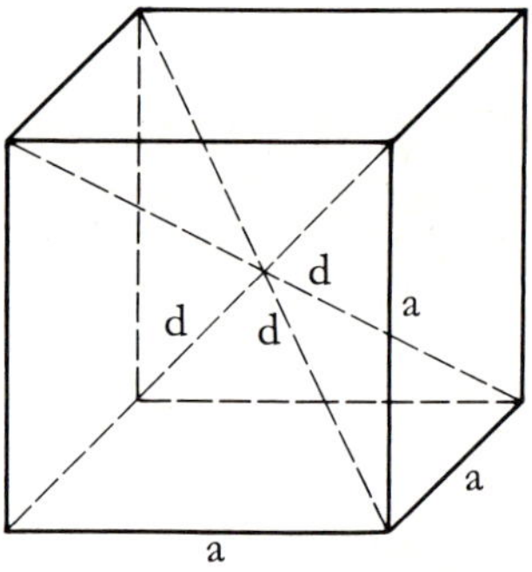
Quader $d = \sqrt{a^2 + b^2 + c^2}$ $O =$ $= 2(ab + ac + bc)$ $= 2ab + 2ac + 2bc$ $V = abc$	Ein **Quader** besitzt 6 rechteckige Flächen, von denen jeweils die beiden gegenüberliegenden flächengleich sind. Er hat 8 Ecken und 12 Kanten, von denen jeweils vier gleich lang sind. Ein Quader besitzt vier gleich lange Raumdiagonalen. **Oberfläche** des Quaders **Volumen** des Quaders	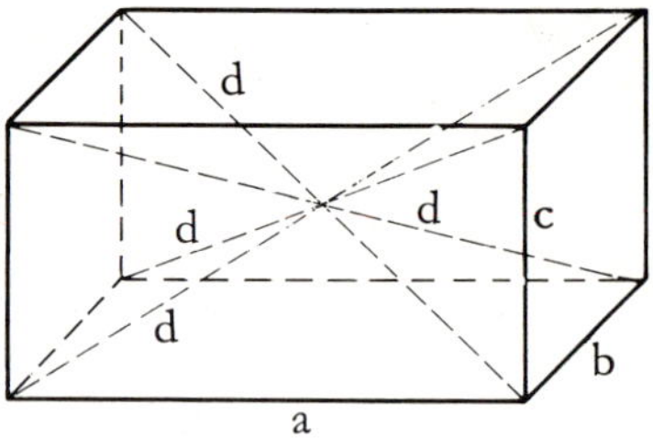
Prisma	Unter einem **Prisma** oder einer **kantigen Säule** versteht man einen Körper mit zwei in zueinander parallelen Ebenen kongruenten Vielecken, die **Grundfläche** G und die flächengleiche Deckfläche. Die Seiten der Grundfläche nennt man die	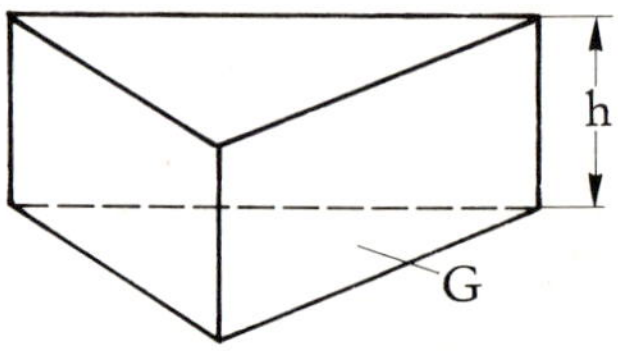

 $V = G \cdot h$ $O = 2G + M$	**Grundkanten** des Prismas. Alle **Seitenkanten** als Verbindungsstrecken entsprechender Ecken der Grund- und der Deckfläche sind gleich lang und zueinander parallel. Verlaufen alle Seitenkanten senkrecht zur Grundfläche, spricht man von einem **geraden Prisma**, sonst von einem **schiefen Prisma**. **Volumen** eines Prismas mit der Grundfläche G und der Raumhöhe h. **Oberfläche** eines Prismas (M = Mantel, d. h. Summe der Seitenflächen)	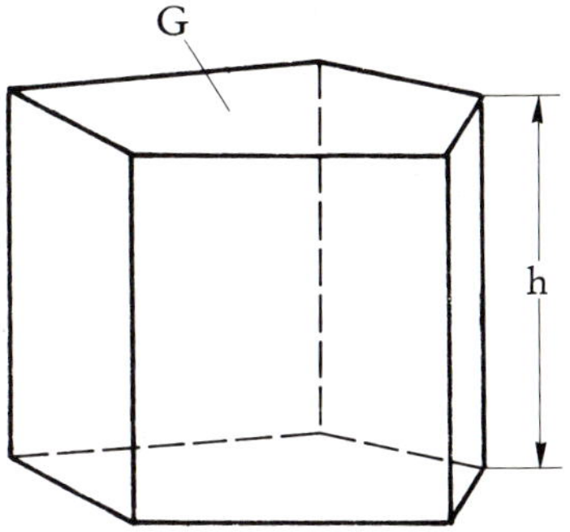
Pyramide $V = \frac{1}{3} Gh$ $O = G + M$	Eine **Pyramide** ist durch eine eckige Grundfläche G (Dreieck, Viereck, Fünfeck, Sechseck etc.) gekennzeichnet, von der entsprechend viele dreieckige Seitenflächen zu einer Spitze S verlaufen. Die Seiten der Grundfläche nennt man **Grundkanten.** Die Verbindungsstrecken von der Spitze S mit den Ecken der Grundfläche heißen **Seitenkanten.** Der Abstand der Spitze S von der Grundfläche G heißt **Raumhöhe h** der Pyramide. Bei einem regelmäßigen Vieleck als Grundfläche handelt es sich um eine **regelmäßige Pyramide.** Liegt die Spitze senkrecht über dem Mittelpunkt der Grundfläche, spricht man von einer **geraden Pyramide**, sonst von einer **schiefen Pyramide.** **Volumen** einer Pyramide, wobei G die jeweilige Grundfläche und h die Raumhöhe darstellt. Oberfläche einer Pyramide (M = Mantel, d. h. Summe der Seitenflächen)	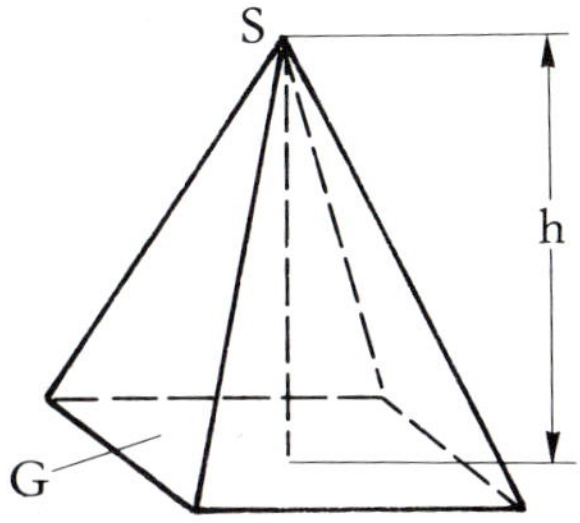 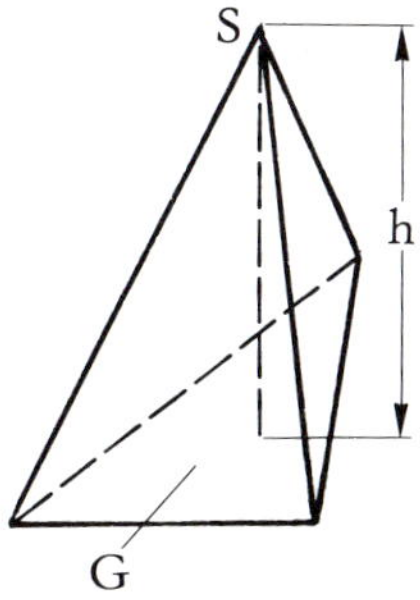
Pyramidenstumpf $V = \frac{1}{3}h\,(G_1 + \sqrt{G_1 G_2} + G_2)$	Schneidet man von einer Pyramide den oberen Teil parallel zur Grundfläche ab, erhält man einen Pyramidenstumpf. **Volumen** eines Pyramidenstumpfes	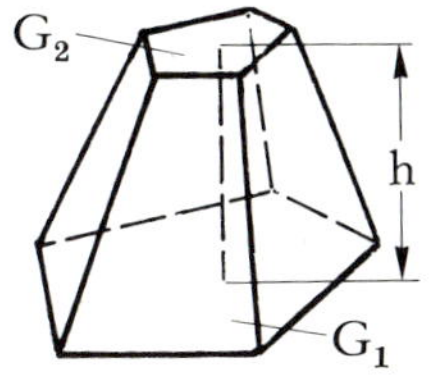
Zylinder	Ein **Zylinder** (Kreiszylinder) besitzt in zwei parallelen Ebenen zwei flächengleiche Kreise als	

Mantelfläche $M = 2\pi rh$ Oberfläche $O = M + 2G$ $= 2\pi r\,(r + h)$ Volumen $V = \pi r^2 h$	**Grundfläche G** und als Deckfläche. Ihr senkrechter Abstand ist die **Höhe h.** Die gekrümmte Fläche zwischen den beiden parallelen Ebenen heißt **Mantelfläche M.** Die parallelen, gleich langen Verbindungsstrecken zwischen Grund- und Deckfläche heißen **Mantellinien.** Wenn alle Mantellinien senkrecht auf der Grundfläche stehen, heißt der Zylinder **gerader Zylinder**, sonst **schiefer Zylinder.** 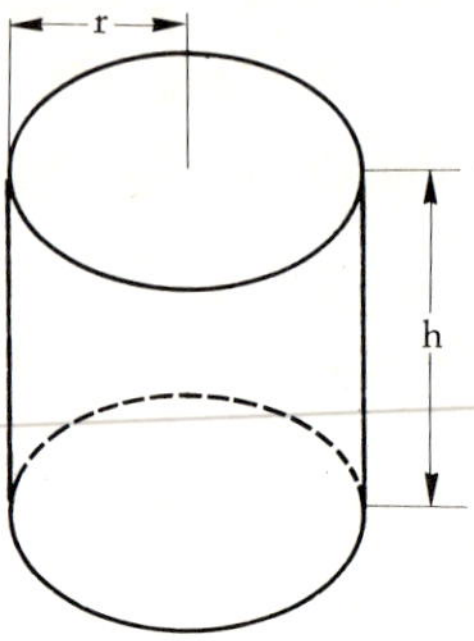
Hohlzylinder $V = \pi h\,(r_1 + r_2) \cdot (r_1 - r_2)$	Ein **Hohlzylinder** (Rohr) hat einen Kreisring als Grundfläche.
Kegel $M = \pi rs$ $O = G + M$ $= \pi r\,(r + s)$ $V = \frac{1}{3}\pi r^2 h$	Läuft die Mantelfläche von einer kreisförmigen Grundfläche G zu einer Spitze S, nennt man den Körper einen **Kegel** (**Kreiskegel**). Die kürzesten Verbindungsstrecken zwischen der Spitze S und den Punkten der Randlinie von G heißen **Mantellinien.** Der Abstand der Spitze S von der Grundfläche G heißt **Höhe h.** Befindet sich die Spitze senkrecht über dem Mittelpunkt der Grundfläche, spricht man von einem **geraden Kegel**, sonst von einem **schiefen Kegel.** 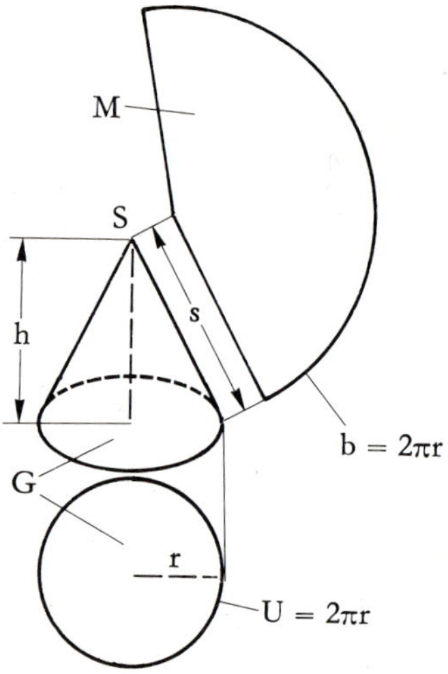
Kegelstumpf $M = \pi s\,(r_1 + r_2)$ $V = \frac{1}{3}\pi h\,(r_1^2 + r_1 r_2 + r_2^2)$	Schneidet man von einem Kegel die Spitze parallel zur Grundfläche ab, erhält man einen **Kegelstumpf.** **Mantelfläche** **Volumen** 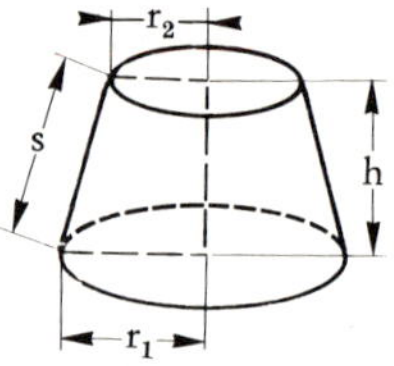
Kugel $O = 4\pi r^2$ $V = \frac{4}{3}\pi r^3$	Eine **Kugel** ist ein Körper, der von einer allseitig gekrümmten Fläche so begrenzt wird, daß alle Punkte der Oberfläche von einem Punkt innerhalb der Kugel (Kugelmittelpunkt) gleich weit entfernt sind. **Oberfläche** **Volumen** 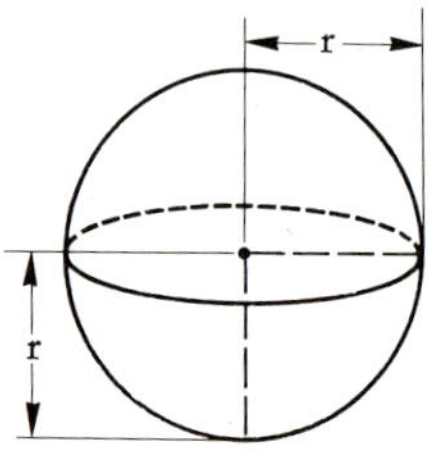

Hohlkugel $V = \frac{4}{3}\pi(r_1^3 - r_2^3)$	Schält man aus einer Kugel eine kleinere mit demselben Mittelpunkt heraus, nennt man den Restkörper **Hohlkugel**.	
Kugelabschnitt $V = \frac{1}{3}\pi h^2(3r - h)$ $= \frac{1}{6}\pi h(3\rho^2 + h^2)$ **Kugelkappe** $A = 2\pi rh$ $= \pi(\rho^2 + h^2)$	Schneidet man von einer Kugel ein Stück ab, erhält man einen **Kugelabschnitt.** Die ihn begrenzende gekrümmte Fläche wird **Kugelkappe** oder Kugelhaube genannt.	
Kugelausschnitt $V = \frac{2}{3}\pi r^2 h$	Schneidet man aus einer Kugel kegelförmig bis zum Mittelpunkt ein Stück heraus, erhält man einen **Kugelausschnitt.**	
Kugelschicht $V = \frac{\pi h}{6}(3\rho_1^2 +$ $+ 3\rho_2^2 + h^2)$	Schneidet man aus einer Kugel mit zwei parallelen Schnitten ein Stück heraus, erhält man eine **Kugelschicht**.	
Kugelzone $A = 2\pi rh$	Die eine Kugelschicht begrenzende, gekrümmte Fläche heißt **Kugelzone**.	
Tetraeder $V = \frac{a^3}{12}\sqrt{2}$ $O = a^2\sqrt{3}$	Der Körper wird von 4 gleichen Flächen begrenzt. In jeder Ecke stoßen 3 gleichseitige kongruente Dreiecke zusammen (vgl. Pyramide S. 67).	
Hexaeder	(Siehe Würfel!)	
Oktaeder $V = \frac{a^3}{3}\sqrt{2}$ $O = 2a^2\sqrt{3}$	Dieser Körper wird von 8 gleichen Flächen begrenzt. In jeder Ecke stoßen 4 gleichseitige kongruente Dreiecke zusammen.	
Dodekaeder	Dieser Körper wird von 12 gleichen Flächen begrenzt. In jeder Ecke stoßen 3 regelmäßige kongruente Fünfecke zusammen.	
kosaeder	Dieser Körper wird von 20 gleichen Flächen begrenzt. In jeder Ecke stoßen 5 gleichseitige kongruente Dreiecke zusammen.	

4

4.7 Vektoren

Symbol	Erklärung	Beispiel
$\vec{a} = \overrightarrow{PQ}$	Ein **Vektor** läßt sich geometrisch anschaulich durch eine gerichtete Strecke von passend gewählter Länge darstellen. Vektoren werden mit kleinen deutschen Buchstaben oder auch durch lateinische Buchstaben mit einem übergesetzten Pfeil bezeichnet.	P, Q, $\vec{a}$
$\lvert\vec{a}\rvert = a$ $\lvert\vec{a}\rvert \geqq 0$	Jeder Vektor besitzt einen **Betrag** (Länge), der mit kleinen lateinischen Buchstaben bezeichnet wird, und eine Richtung. Der Betrag ist stets eine nichtnegative reelle Zahl.	$\vec{a}$ $\lvert\vec{a}\rvert = 3$
$\vec{a} = \vec{b}$	Zwei Vektoren sind dann und nur dann gleich, wenn sie in Betrag und Richtung übereinstimmen. Jede Klasse von Pfeilen, die gleich lang, parallel und gleich orientiert sind, wird durch denselben Vektor repräsentiert.	$\vec{a} = \vec{b} = \vec{c}$ $\vec{a} \neq \vec{b}$ $\vec{a} \neq \vec{c}$ $\vec{b} \neq \vec{c}$ $\vec{a} \neq \vec{b} \neq \vec{c}$
$-\vec{a}$	Zu jedem Vektor gibt es einen **Gegenvektor**. Ein Vektor und sein Gegenvektor sind gleich lang, parallel, aber entgegengesetzt gerichtet.	$\vec{a}$ $-\vec{a}$
$\vec{0}$	Der **Nullvektor** hat die Länge 0 und keine bestimmte Orientierung. Er läßt sich geometrisch durch einen Punkt veranschaulichen.	

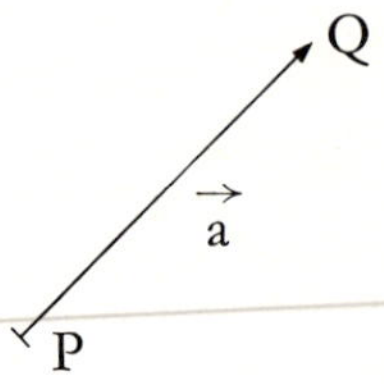

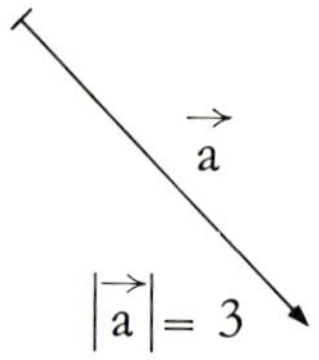

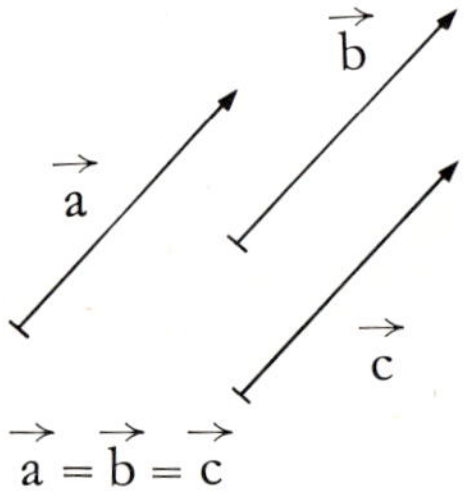

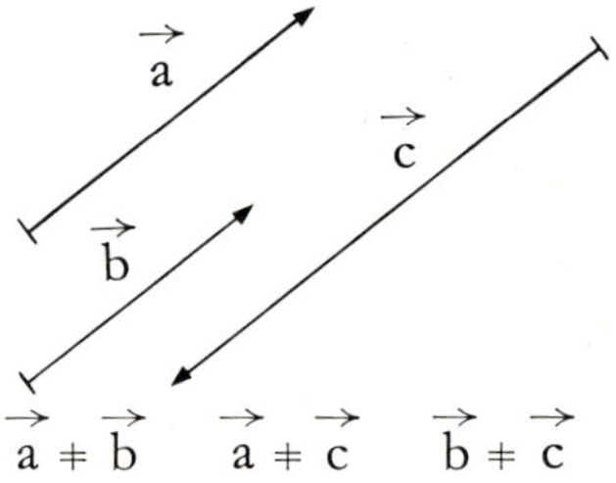

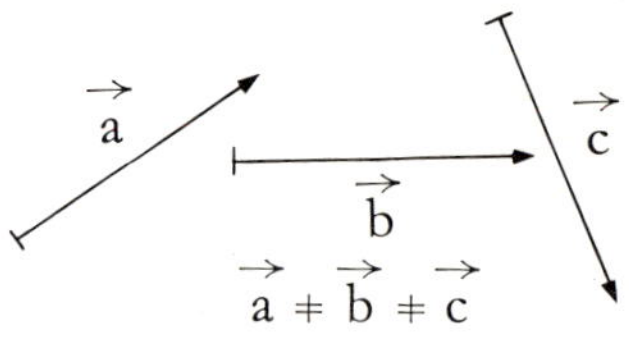

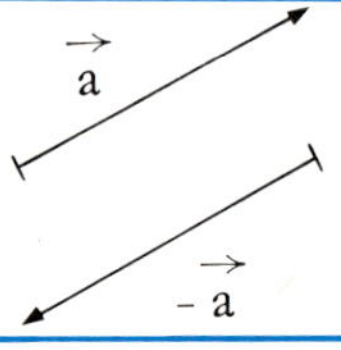

$\vec{a}^0$	Ein Vektor vom Betrag 1 heißt **Einheitsvektor.**	
$\vec{a} = \begin{pmatrix} x \\ y \end{pmatrix}$	Ein Vektor wird eindeutig in seiner Länge und Richtung durch seine **Koordinaten** (Komponenten) angegeben. In der Ebene ist ein Vektor durch zwei Koordinaten (x und y) bestimmt. Im Raum ist ein Vektor entsprechend durch drei Koordinaten (x, y und z) festgelegt.	$\vec{a} = \begin{pmatrix} x \\ y \end{pmatrix} = \begin{pmatrix} +2 \\ +3 \end{pmatrix}$
$\vec{a} + \vec{b}$	**Addition** zweier Vektoren: Sollen zwei Vektoren addiert werden, so bringt man durch Parallelverschiebung den Anfangspunkt des Vektors $\vec{a}$ in den Endpunkt des Vektors $\vec{b}$ (oder umgekehrt). Die Summe oder **Resultierende** $\vec{a} + \vec{b}$ ist dann derjenige Vektor, der vom Anfangspunkt von $\vec{a}$ zum Endpunkt von $\vec{b}$ führt (oder vom Anfangspunkt von $\vec{b}$ zum Endpunkt von $\vec{a}$ führt).	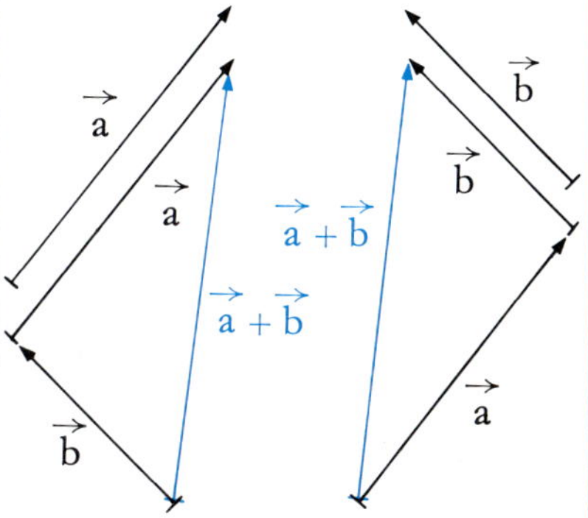
$\begin{pmatrix} x_1 \\ y_1 \end{pmatrix} + \begin{pmatrix} x_2 \\ y_2 \end{pmatrix} = \begin{pmatrix} x_1 + x_2 \\ y_1 + y_2 \end{pmatrix}$	Rechnerisch lassen sich Vektoren addieren, indem man die Koordinaten (Komponenten) addiert.	$\vec{a} = \begin{pmatrix} +3 \\ +4 \end{pmatrix}$ $\vec{b} = \begin{pmatrix} -2 \\ +3 \end{pmatrix}$ $\vec{a} + \vec{b} = \begin{pmatrix} 3-2 \\ 4+3 \end{pmatrix} = \begin{pmatrix} 1 \\ 7 \end{pmatrix}$
$\vec{a} + \vec{b} = \vec{b} + \vec{a}$	Für Addition von Vektoren gilt das **Kommutativgesetz.**	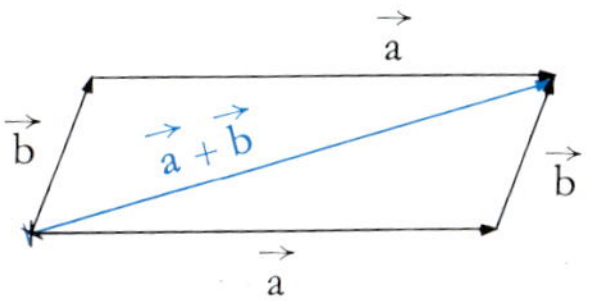
$(\vec{a} + \vec{b}) + \vec{c} = \vec{a} + (\vec{b} + \vec{c})$	Für Addition von Vektoren gilt das **Assoziativgesetz.**	

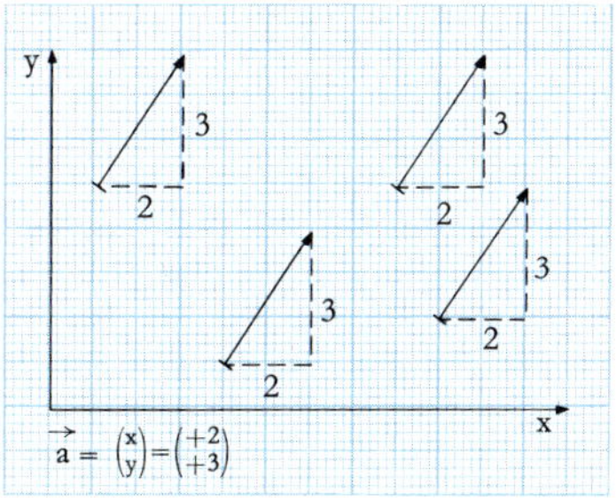

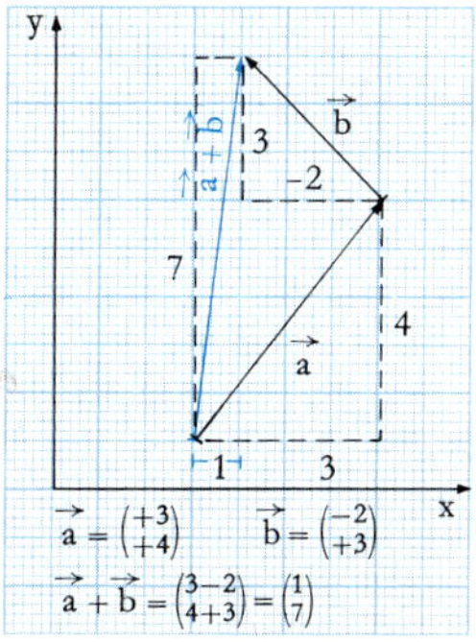

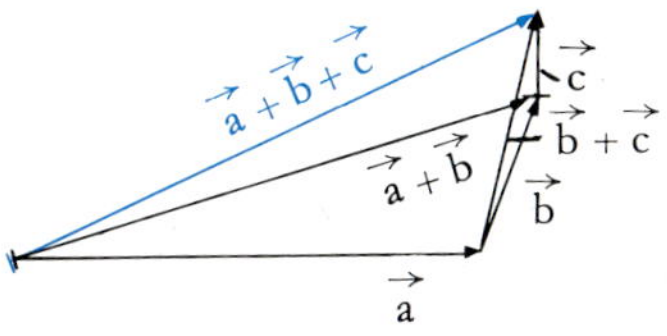

4

$\lvert\vec{a}+\vec{b}\rvert \leqq \lvert\vec{a}\rvert + \lvert\vec{b}\rvert$	Die **Dreiecksungleichung** gilt für beliebige Vektoren und besagt, daß in einem Dreieck eine Seite kleiner oder höchstens gleich der Summe der beiden anderen ist.	
$\vec{a}-\vec{b}$	Die **Subtraktion** zweier Vektoren ist definiert als Addition von a und dem entgegengesetzt gerichteten Vektor $(-\vec{b})$. Für $\vec{a}=\vec{b}$ folgt $\vec{a}-\vec{a}=\vec{b}-\vec{b}=\vec{0}$.	$-\vec{b}$ $\vec{b}$ $\vec{a}-\vec{b}$ $\vec{a}$
$\vec{a}'=k\cdot\vec{a}$ $\lvert k\cdot\vec{a}\rvert = \lvert k\rvert\cdot\lvert\vec{a}\rvert$ $k>0$ $k<0$	**Multiplikation von Vektor und Skalar** Unter dem Produkt $k\cdot\vec{a}$ einer von Null verschiedenen reellen Zahl mit einem Vektor $\vec{a}$ versteht man den Vektor $\vec{a}'$ mit dem $\lvert k\rvert$-fachen Betrag von $\vec{a}$, der dem Vektor $\vec{a}$ gleichgerichtet ist wenn $k>0$. Für $k<0$ ist der Vektor $\vec{a}'$ entgegengesetzt von $\vec{a}$ gerichtet. Bei $k=0$ folgt $k\cdot\vec{a}=\vec{0}$	$\vec{a}$ $\vec{a}'$ $k=1,5$ $\lvert\vec{a}\rvert \mathrel{\hat=} 30$ mm $\lvert\vec{a}'\rvert \mathrel{\hat=} 45$ mm $\vec{a}$ $\vec{a}'$ $k=-\frac{1}{2}$
$\vec{a}\cdot\vec{b} = \lvert\vec{a}\rvert\cdot\lvert\vec{b}\rvert \cdot\cos(\vec{a},\vec{b})$	Unter dem **Skalarprodukt** oder **innerem Produkt** (lies $\vec{a}$ Punkt $\vec{b}$) zweier Vektoren $\vec{a}$ und $\vec{b}$ versteht man eine reelle Zahl $\lvert\vec{a}\rvert\cdot\lvert\vec{b}\rvert\cdot\cos(\vec{a},\vec{b})$, wobei $(\vec{a},\vec{b})$ den Winkel zwischen den Vektoren $\vec{a}$ und $\vec{b}$ angibt, wenn $\vec{a}$ und $\vec{b}$ an einem gemeinsamen Anfangspunkt angetragen werden. Der Winkel $(\vec{a},\vec{b})$ durchläuft die Maße von 0° bis 180°.	$\vec{b}$ $(\vec{a},\vec{b})$ $\vec{a}$ $\lvert\vec{b}\rvert\cdot\cos(\vec{a},\vec{b})$ $\lvert\vec{a}\rvert=\vec{a}$ ▨ $=\lvert\vec{a}\rvert\cdot\lvert\vec{b}\rvert\cdot\cos(\vec{a},\vec{b})$
$\vec{a}\cdot\vec{b}=\lvert\vec{a}\rvert\cdot\lvert\vec{b}\rvert \Leftrightarrow \vec{a}\parallel\vec{b}$	In diesem Fall sind $\vec{a}$ und $\vec{b}$ **gleichgerichtet**, denn $\cos 0°=1$.	
$\vec{a}\cdot\vec{b}>0$	Ist $0<(\vec{a},\vec{b})<90°$, so ist das **Skalarprodukt positiv**.	

$\vec{a} \cdot \vec{b} = 0$ $\Leftrightarrow \vec{a} \perp \vec{b}$	Wenn das Skalarprodukt 0 ergibt, stehen die Vektoren senkrecht aufeinander, denn $\cos 90° = 0$.	$\vec{b}$ 90° $\vec{a}$ $\vec{a} \cdot \vec{b} = 0$
$\vec{a} \cdot \vec{b} < 0$	Ist $90° < (\vec{a}, \vec{b}) < 180°$, so ist das **Skalarprodukt negativ.**	
$\vec{a} \cdot \vec{b} =$ $= -\lvert\vec{a}\rvert \cdot \lvert\vec{b}\rvert$	In diesem Fall sind die Vektoren entgegengesetzt gerichtet, da $\cos 180° = -1$.	
$\vec{a} \times \vec{b} = \vec{r}$	Das **Vektorprodukt** oder **äußere Produkt** zweier Vektoren ist wieder ein Vektor $\vec{r}$, der folgende Eigenschaften besitzt: 1) $\lvert\vec{r}\rvert = \lvert\vec{a} \times \vec{b}\rvert = \lvert\vec{a}\rvert \cdot \lvert\vec{b}\rvert \cdot$ $\cdot \sin (\vec{a}, \vec{b})$ Flächeninhalt des von $\vec{a}$ und $\vec{b}$ aufgespannten Parallelogramms 2) $\vec{r} \perp \vec{a}$ und $\vec{r} \perp \vec{b}$ 3) $\vec{a}, \vec{b}, \vec{r}$ bilden ein Rechtssystem (Diese Definition ist nur im Raum sinnvoll.)	$\vec{r} = \vec{a} \times \vec{b}$ $\vec{b}$ $(\vec{a}, \vec{b})$ $\vec{a}$ $\vec{b} \times \vec{a} = -\vec{a} \times \vec{b}$

4

5 Trigonometrie

Spitze Winkel

In allen **rechtwinkligen Dreiecken** mit einem bestimmten Winkel α ist der Wert entsprechender Seitenverhältnisse gleich und unabhängig von der Länge der Dreiecksseiten.
In einem rechtwinkligen Dreieck lassen sich die Werte der **Winkelfunktionen** für spitze Winkel als Seitenverhältnisse berechnen.

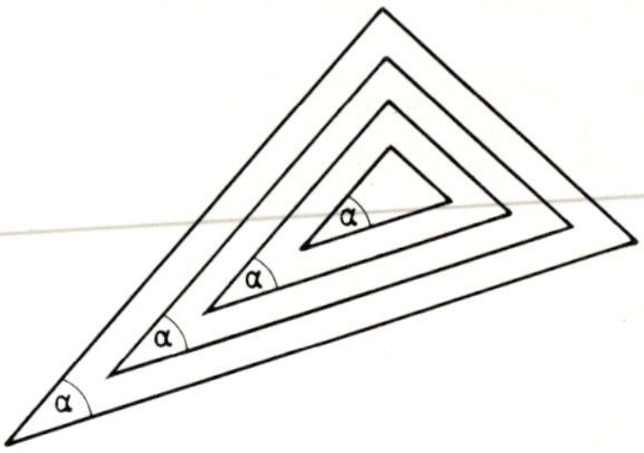

$\tan\alpha = \frac{a}{b}$

Der **Tangens** eines Winkels ist das Verhältnis der Gegenkathete zur Ankathete.

$\cot\alpha = \frac{b}{a}$

Der **Kotangens** eines Winkels ist das Verhältnis der Ankathete zur Gegenkathete.

$\sin\alpha = \frac{a}{c}$

Der **Sinus** eines Winkels ist das Verhältnis der Gegenkathete zur Hypotenuse.

$\cos\alpha = \frac{b}{c}$

Der **Kosinus** eines Winkels ist das Verhältnis der Ankathete zur Hypotenuse.

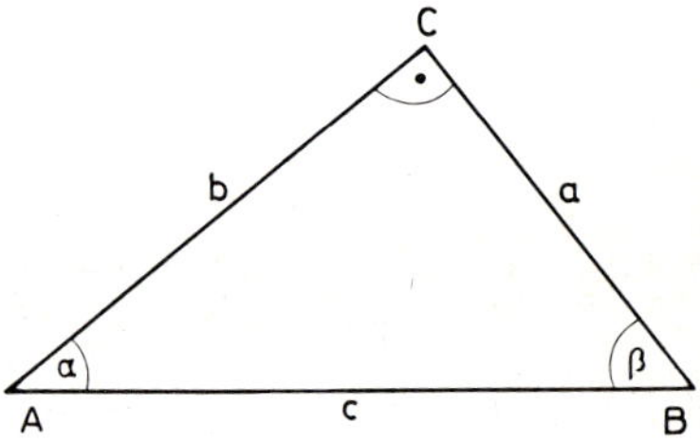

$f(\alpha) = y = \tan\alpha$
$0^\circ \leqq \alpha < 90^\circ$
$f(\alpha) = y = \cot\alpha$
$0^\circ < \alpha \leqq 90^\circ$

Der Graph der **Tangensfunktion** beginnt im Nullpunkt, erreicht bei 45° den Wert 1 und steigt dann sehr steil an bis ∞.
Der Graph der **Kotangensfunktion** fällt von ∞ herkommend bis auf 1 bei 45° sehr stark, von da ab weniger stark, bis er bei 90° den Wert 0 erreicht.

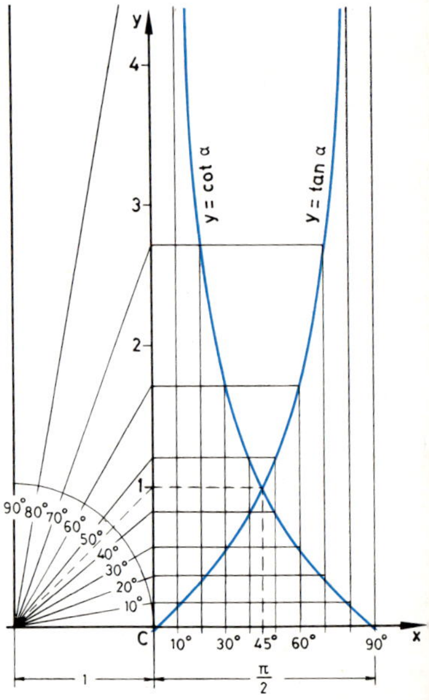

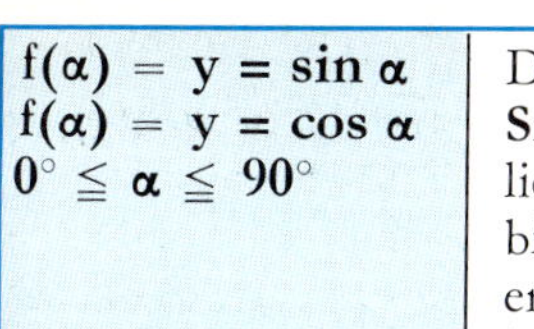 $f(\alpha) = y = \sin\alpha$ $f(\alpha) = y = \cos\alpha$ $0° \leqq \alpha \leqq 90°$	Die Steigung des Graphen der **Sinusfunktion** ist anfangs ziemlich stark, wird dann schwächer, bis der Graph bei 90° den Wert 1 erreicht, wo seine Steigung 0 ist; d. h. er eine waagerechte Tangente besitzt. Der Graph der **Kosinusfunktion** beginnt für 0° bei 1 (mit der Steigung 0), sinkt zunächst langsam, dann stärker bis 0. 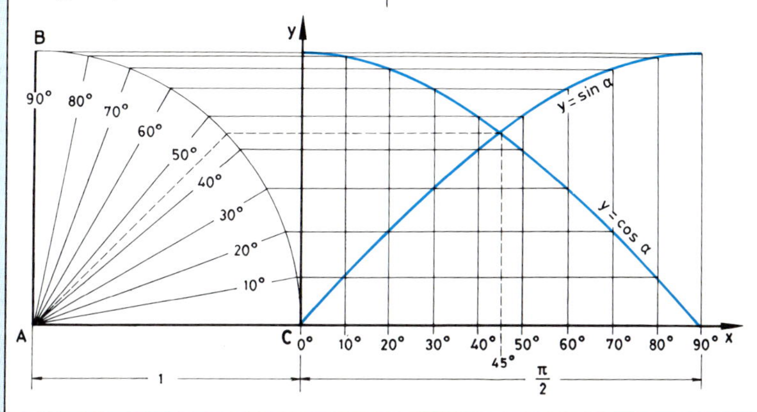 	
$\sin\alpha = \cos\beta$ $= \cos(90° - \alpha)$ $\cos\alpha = \sin\beta$ $= \sin(90° - \alpha)$	Im rechtwinkligen Dreieck ist der Sinus (Kosinus) eines Winkels gleich dem Kosinus (Sinus) des Ergänzungswinkels zu 90°.	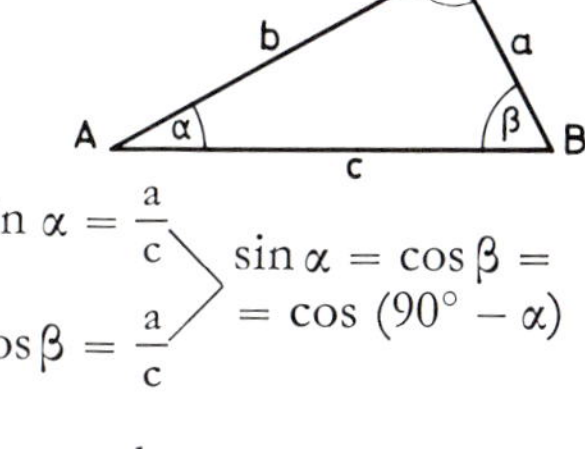 $\left.\begin{array}{l}\sin\alpha = \frac{a}{c}\\ \cos\beta = \frac{a}{c}\end{array}\right\rangle \begin{array}{l}\sin\alpha = \cos\beta =\\ = \cos(90° - \alpha)\end{array}$ $\left.\begin{array}{l}\cos\alpha = \frac{b}{c}\\ \sin\beta = \frac{b}{c}\end{array}\right\rangle \begin{array}{l}\cos\alpha = \sin\beta =\\ = \sin(90° - \beta)\end{array}$
$\tan\alpha = \cot\beta$ $= \cot(90° - \alpha)$ $\cot\alpha = \tan\beta$ $= \tan(90° - \alpha)$	Im rechtwinkligen Dreieck ist der Tangens (Kotangens) eines Winkels gleich dem Kotangens (Tangens) des Ergänzungswinkels zu 90°.	$\left.\begin{array}{l}\tan\alpha = \frac{a}{b}\\ \cot\beta = \frac{a}{b}\end{array}\right\rangle \tan\alpha = \cot\beta$ $\left.\begin{array}{l}\cot\alpha = \frac{b}{a}\\ \tan\beta = \frac{b}{a}\end{array}\right\rangle \cot\alpha = \tan\beta$
$\tan\alpha = \frac{1}{\cot\alpha}$ $\cot\alpha = \frac{1}{\tan\alpha}$ $\tan\alpha \cdot \cot\alpha = 1$ $(\alpha \neq 0°, 90°)$	Tangens- und Kotangenswerte eines Winkels bilden jeweils zueinander reziproke Werte (Kehrwerte).	$\tan\alpha = \frac{a}{b},\ \frac{1}{\tan\alpha} = \frac{b}{a}$ $\cot\alpha = \frac{b}{a},\ \frac{1}{\cot\alpha} = \frac{a}{b}$ $\Rightarrow \tan\alpha = \frac{1}{\cot\alpha},\quad \cot\alpha = \frac{1}{\tan\alpha}$

5

$\tan\alpha = \frac{\sin\alpha}{\cos\alpha}$ $(\alpha \neq 90°)$

$\cot\alpha = \frac{\cos\alpha}{\sin\alpha}$ $(\alpha \neq 0°)$

Der Tangens eines Winkels ist gleich dem Quotienten aus dem Sinus und Kosinus.

$\sin\alpha = \frac{a}{c}$, $\cos\alpha = \frac{b}{c}$

$\Rightarrow \frac{\sin\alpha}{\cos\alpha} = \frac{a \cdot c}{c \cdot b} = \frac{a}{b} = \tan\alpha$

$\sin^2\alpha + \cos^2\alpha = 1$

Die Summe aus den Quadraten der Sinus- und Kosinuswerte eines Winkels ergibt stets den Wert 1.

$\sin\alpha = \frac{a}{c} \Rightarrow \sin^2\alpha = \frac{a^2}{c^2}$

$\cos\alpha = \frac{b}{c} \Rightarrow \cos^2\alpha = \frac{b^2}{c^2}$

$\Rightarrow \sin^2\alpha + \cos^2\alpha = \frac{a^2 + b^2}{c^2} = \frac{c^2}{c^2} = 1$

($a^2 + b^2 = c^2$, Satz des Pythagoras)

Stumpfe Winkel

Für **stumpfe Winkel** ($\alpha > 90°$) zeichnet man die Winkel in einem **Einheitskreis** ($r = 1$) und definiert mit Hilfe der Ordinaten und Abszissen eines beliebigen Punktes P auf dem Einheitskreis die Winkelfunktionen.

Entsprechend der Definition am rechtwinkligen Dreieck setzt man fest:

$\tan\alpha = \frac{\text{Ordinate}}{\text{Abszisse}} = \frac{y}{x}$

$\cot\alpha = \frac{\text{Abszisse}}{\text{Ordinate}} = \frac{x}{y}$

$\sin\alpha = \frac{\text{Ordinate}}{\text{Radius}} = \frac{y}{r} = \frac{y}{1} = y$

$\cos\alpha = \frac{\text{Abszisse}}{\text{Radius}} = \frac{x}{r} = \frac{x}{1} = x$

Funktion	$180° - \alpha$
sin	$+\sin\alpha$
cos	$-\cos\alpha$
tan	$-\tan\alpha$
cot	$-\cot\alpha$

$180° + \alpha$	$360° - \alpha$
$-\sin\alpha$	$-\sin\alpha$
$-\cos\alpha$	$+\cos\alpha$
$+\tan\alpha$	$-\tan\alpha$
$+\cot\alpha$	$-\cot\alpha$

$\tan\alpha = \frac{y}{x}$

$\cot\alpha = \frac{x}{y}$

$\sin\alpha = \frac{y}{r} = y$

$\cos\alpha = \frac{x}{r} = x$

sin: + + / − −

cos: − + / − +

tan: − + / + −

cot: − + / + −

II I III IV P r y α M x Q x y

P y r α Q x M x y

$\sin 140° = \sin(180° - 40°) = \sin 40°$

$\cos 140° = \cos(180° - 40°) = -\cos 40°$

$\tan 140° = \tan(180° - 40°) = -\tan 40°$

$\cot 140° = \cot(180° - 40°) = -\cot 40°$

$\sin 200° = \sin(180° + 20°) = -\sin 20°$

$\cos 200° = \cos(180° + 20°) = -\cos 20°$

$\tan 200° = \tan(180° + 20°) = \tan 20°$

$\cot 200° = \cot(180° + 20°) = \cot 20°$

$\sin 310° = \sin(360° - 50°) = -\sin 50°$

$\cos 310° = \cos(360° - 50°) = \cos 50°$

$\tan 310° = \tan(360° - 50°) = -\tan 50°$

$\cot 310° = \cot(360° - 50°) = -\cot 50°$

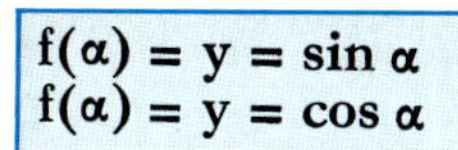

$f(\alpha) = y = \sin\alpha$
$f(\alpha) = y = \cos\alpha$

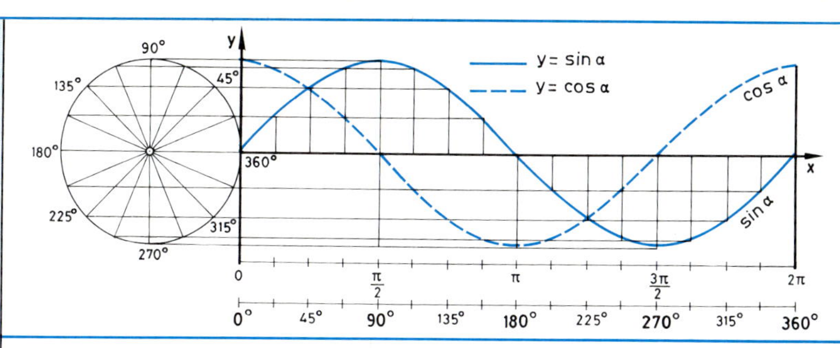

$f(\alpha) = y = \tan\alpha$
$f(\alpha) = y = \cot\alpha$

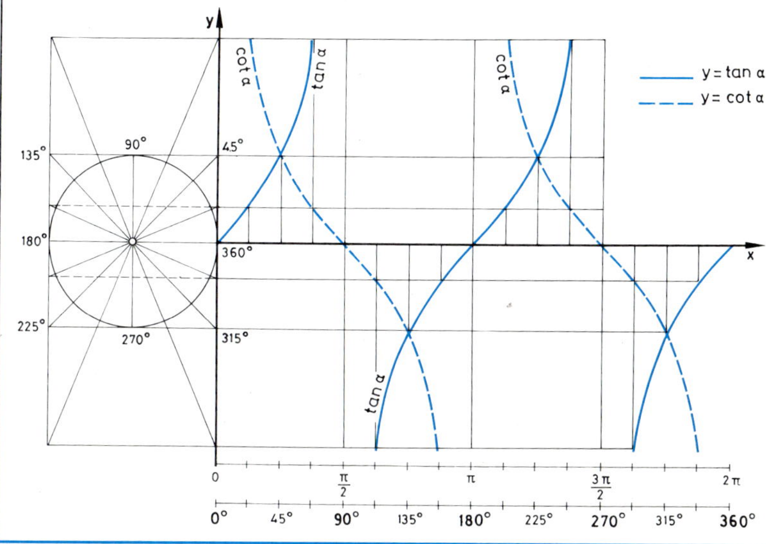

$$\frac{a}{b} = \frac{\sin\alpha}{\sin\beta}$$
$$\frac{a}{c} = \frac{\sin\alpha}{\sin\gamma}$$
$$\frac{b}{c} = \frac{\sin\beta}{\sin\gamma}$$

Sinussatz
In einem **beliebigen Dreieck** verhalten sich die Seiten zueinander wie die Sinuswerte der Gegenwinkel.

$h_c = a \cdot \sin\beta$
$h_c = b \cdot \sin\alpha$
$\Rightarrow a \cdot \sin\beta = b \cdot \sin\alpha$
$\Leftrightarrow \dfrac{a}{b} = \dfrac{\sin\alpha}{\sin\beta}$

$$\frac{a}{\sin\alpha} = \frac{b}{\sin\beta} = \frac{c}{\sin\gamma} = 2r$$

r-Form des Sinussatzes
(r = Radius des Umkreises)

$\sin\gamma = \dfrac{c}{2r} \Rightarrow 2r = \dfrac{c}{\sin\gamma}$

$\sin\beta = \dfrac{b}{2r} \Rightarrow 2r = \dfrac{b}{\sin\beta}$

$\sin\alpha = \dfrac{a}{2r} \Rightarrow 2r = \dfrac{a}{\sin\alpha}$

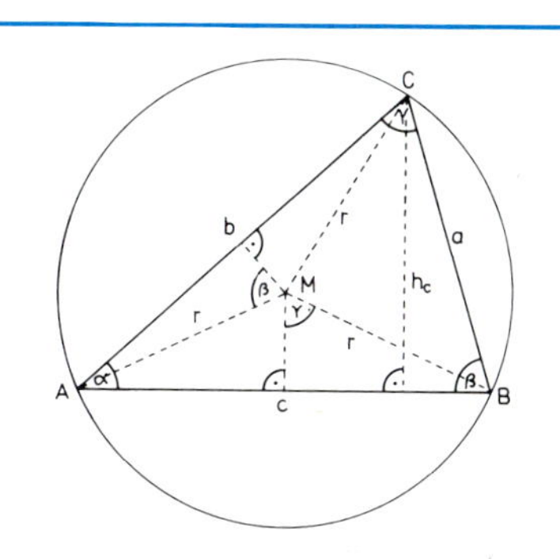

$A = \frac{1}{2}ab\sin\gamma$
$= \frac{1}{2}ac\sin\beta$
$= \frac{1}{2}bc\sin\alpha$

Flächeninhalt
Der Flächeninhalt eines beliebigen Dreiecks läßt sich als die Hälfte des Produktes aus den Längen zweier Seiten und dem Sinuswert des eingeschlossenen Winkels berechnen.

$\sin\alpha = \dfrac{h_c}{b} \Rightarrow h_c = b \cdot \sin\alpha$

$A = \frac{1}{2} c \cdot h_c$ (vgl. 4.2.)
$A = \frac{1}{2} cb\sin\alpha$

5

$a^2 = b^2 + c^2 - 2bc \cdot \cos\alpha$ $b^2 = a^2 + c^2 - 2ac \cdot \cos\beta$ $c^2 = a^2 + b^2 - 2ab \cdot \cos\gamma$	**Kosinussatz** In einem beliebigen Dreieck ist das Quadrat über einer Seite gleich der Summe der Quadrate über den beiden anderen Seiten, vermindert um das doppelte Produkt aus diesen beiden Seiten und dem Kosinus des eingeschlossenen Winkels.	C, γ, a, b, h_c, 180°−α, α, β, q, A, c, B $h_c^2 = a^2 - (c+q)^2$ $h_c^2 = b^2 - q^2$ (Pythagoras) $\Leftrightarrow a^2 - (c+q)^2 = b^2 - q^2$ $\Leftrightarrow a^2 = b^2 + c^2 + 2cq$ $\cos(180° - \alpha) = \frac{q}{b}$ $\Rightarrow q = b \cdot \cos(180° - \alpha)$ $\Rightarrow q = -b\cos\alpha$ $\Rightarrow a^2 = b^2 + c^2 - 2bc \cdot \cos\alpha$
$\cos\alpha = \frac{b^2 + c^2 - a^2}{2bc}$ $\cos\beta = \frac{a^2 + c^2 - b^2}{2ac}$ $\cos\gamma = \frac{a^2 + b^2 - c^2}{2ab}$	Umformungen der Beziehungen des Kosinussatzes zur Berechnung von Winkeln in beliebigen Dreiecken.	

5

6 Zahlentafeln

6.1 Wichtige Werte der Winkelfunktionen, Dezimalteile des Grades und Minuten, Grad- und Bogenmaß

6.1.1 Wichtige Werte der Winkelfunktionen

	0°	30°	45°	60°	90°
sin	0	$\frac{1}{2}$	$\frac{1}{2}\sqrt{2}$	$\frac{1}{2}\sqrt{3}$	1
cos	1	$\frac{1}{2}\sqrt{3}$	$\frac{1}{2}\sqrt{2}$	$\frac{1}{2}$	0
tan	0	$\frac{1}{3}\sqrt{3}$	1	$\sqrt{3}$	∞
cot	∞	$\sqrt{3}$	1	$\frac{1}{3}\sqrt{3}$	0

6.1.2 Dezimalteile des Grades in Minuten

(°)	(′)	(°)	(′)
0,1°	6′	0,6°	36′
0,2°	12′	0,7°	42′
0,3°	18′	0,8°	48′
0,4°	24′	0,9°	54′
0,5°	30′	1,0°	60′

6.1.3 Minuten in Dezimalteilen des Grades

(′)	(°)	(′)	(°)	(′)	(°)	(′)	(°)	(′)	(°)	(′)	(°)
0′	0,00000°	10′	0,16667°	20′	0,33333°	30′	0,50000°	40′	0,66667°	50′	0,83333°
1′	0,01667°	11′	0,18333°	21′	0,35000°	31′	0,51667°	41′	0,68333°	51′	0,85000°
2′	0,03333°	12′	0,20000°	22′	0,36667°	32′	0,53333°	42′	0,70000°	52′	0,86667°
3′	0,05000°	13′	0,21667°	23′	0,38333°	33′	0,55000°	43′	0,71667°	53′	0,88333°
4′	0,06667°	14′	0,23333°	24′	0,40000°	34′	0,56667°	44′	0,73333°	54′	0,90000°
5′	0,08333°	15′	0,25000°	25′	0,41667°	35′	0,58333°	45′	0,75000°	55′	0,91667°
6′	0,10000°	16′	0,26667°	26′	0,43333°	36′	0,60000°	46′	0,76667°	56′	0,93333°
7′	0,11667°	17′	0,28333°	27′	0,45000°	37′	0,61667°	47′	0,78333°	57′	0,95000°
8′	0,13333°	18′	0,30000°	28′	0,46667°	38′	0,63333°	48′	0,80000°	58′	0,96667°
9°	0,15000°	19′	0,31667°	29′	0,48333°	39′	0,65000°	49′	0,81667°	59′	0,98333°

6.1.4 Gradmaß in Bogenmaß $x = \frac{\pi}{180°} \cdot \varphi$

φ	x	φ	x	φ	x	φ	x	φ	x	φ	x
1°	0,01745	16°	0,27925	31°	0,54105	46°	0,80285	61°	1,06465	76°	1,32645
2°	0,03490	17°	0,29671	32°	0,55851	47°	0,82030	62°	1,08210	77°	1,34390
3°	0,05236	18°	0,31416	33°	0,57596	48°	0,83756	63°	1,09956	78°	1,36136
4°	0,06981	19°	0,33161	34°	0,59341	49°	0,85521	64°	1,11701	79°	1,37881
5°	0,08727	20°	0,34907	35°	0,61087	50°	0,87266	65°	1,13446	80°	1,39626
6°	0,10472	21°	0,36652	36°	0,62832	51°	0,89012	66°	1,15192	81°	1,41372
7°	0,12217	22°	0,38397	37°	0,64577	52°	0,90757	67°	1,16937	82°	1,43117
8°	0,13963	23°	0,40143	38°	0,66323	53°	0,92502	68°	1,18682	83°	1,44862
9°	0,15708	24°	0,41888	39°	0,68068	54°	0,94248	69°	1,20428	84°	1,46608
10°	0,17453	25°	0,43633	40°	0,69813	55°	0,95993	70°	1,22173	85°	1,48353
11°	0,19199	26°	0,45379	41°	0,71558	56°	0,97738	71°	1,23984	86°	1,50098
12°	0,20944	27°	0,47124	42°	0,73304	57°	0,99484	72°	1,25664	87°	1,51844
13°	0,22689	28°	0,48869	43°	0,75049	58°	1,01229	73°	1,27409	88°	1,53589
14°	0,24435	29°	0,50615	44°	0,76794	59°	1,02974	74°	1,29154	89°	1,55334
15°	0,26180	30°	0,52360	45°	0,78540	60°	1,04720	75°	1,30900	90°	1,57080

6.1.5 Bogenmaß in Gradmaß $\varphi = \frac{180°}{\pi} \cdot x$

x	φ	x	φ	x	φ	x	φ	x	φ	x	φ
0,00	0°	0,05	2,86°			0,5	28,65°			5	286,48°
0,01	0,57°	0,06	3,44°	0,1	5,73°	0,6	34,38°	1	57,30°	6	343,77°
0,02	1,15°	0,07	4,01°	0,2	11,46°	0,7	40,11°	2	114,59°	7	401,07°
0,03	1,72°	0,08	4,58°	0,3	17,19°	0,8	48,84°	3	171,89°	8	458,37°
0,04	2,29°	0,09	5,16°	0,4	22,92°	0,9	51,57°	4	229,18°	9	515,66°

7 Maßeinheiten

Längenmaße

1 Millimeter (**mm**)
10 mm = 1 Zentimeter (**cm**)
10 cm = 1 Dezimeter (**dm**)
10 dm = 1 Meter (**m**)
10 m = 1 Dekameter (**dam**)
10 dam = 1 Hektometer (**hm**)
10 hm = 1 Kilometer (**km**)
(1 km = 1000 m)

Verwandlungszahl 10

Beispiele:

37800 cm	=	3780 dm	=	378 m	=	0,378 km
0,027 km	=	27 m	=	270 dm	=	2700 cm
7,9 m	=	79 dm	=	790 cm	=	7900 mm

Flächenmaße

1 Quadratmillimeter (**mm²**)
100 mm² = 1 Quadratzentimeter (**cm²**)
100 cm² = 1 Quadratdezimeter (**dm²**)
100 dm² = 1 Quadratmeter (**m²**)
100 m² = 1 Ar (**a**)
100 a = 1 Hektar (**ha**)
100 ha = 1 Quadratkilometer (**km²**)

Verwandlungszahl 100

Beispiele:

927000 cm²	=	9270 dm²	=	92,7 m²	=	0,927 a
0,52 ha	=	52 a	=	5200 m²	=	520000 dm²
0,035 km²	=	3,5 ha	=	350 a	=	35000 m²

Raummaße

1 Kubikmillimeter (**mm³**)
1000 mm³ = 1 Kubikzentimeter (**cm³**)
1000 cm³ = 1 Kubikdezimeter (**dm³**) = 1 Liter (l)
1000 dm³ = 1 Kubikmeter (**m³**)

Verwandlungszahl 1000

10 Milliliter (**ml**) = 1 Zentiliter (**cl**)
1000 ml = 1 Liter (**l**)
100 cl = 1 l
100 l = 1 Hektoliter (**hl**)

Beispiele:

425000 cm³	=	425 dm³	=	0,425 m³		
0,84 m³	=	840 dm³	=	840000 cm³		
3,7 hl	=	370 l	=	37000 cl	=	370000 ml

Masse

1 Milligramm (**mg**)
1000 mg = 1 Gramm (**g**)
1000 g = 1 Kilogramm (**kg**)
1000 kg = 1 Tonne (**t**)
100 kg = 1 dz (Doppelzentner)
10 dz = 1 t

Verwandlungszahl 1000

Beispiele:

48500 g	=	48,5 kg	=	0,485 dz	=	0,0485 t
1,2 t	=	12 dz	=	1200 kg	=	1200000 g
5,5 kg	=	5500 g	=	5500000 mg		

Zeit

1 Sekunde (s oder **sek**)
60 s (sek) = 1 Minute (**min**)
60 min = 1 Stunde (**h** oder **Std.**)
24 h = 1 Tag (**d** oder **Tg.**)

Beispiele:

5 h	=	300 min	=	18000 sek (s)		
360000 sek	=	6000 min	=	100 h	=	4d 4h
0,25 d	=	6 h	=	360 min		

8 Größen, Formeln und Tabellen der Physik

8.1 Gesetzliche Größen und Einheiten

Bezeichnung und Zeichen	Definitionsgleichung	Einheit und Zeichen der Einheit	
Länge l (r, s) **Masse m** **Zeit t** **elektrische Stromstärke I** **Temperatur ϑ, T** **Lichtstärke I**	Diese 6 SI-Basiseinheiten sind im „Gesetz über Einheiten im Meßwesen" vom 2. Juli 1969 festgelegt.	Meter Kilogramm Sekunde Ampere Kelvin, Grad Celsius Candela	m kg s (sek) A K, °C cd
Fläche A	$A = l_1 \cdot l_2$	Quadratmeter	m^2
Volumen V	$V = l_1 \cdot l_2 \cdot l_3$	Kubikmeter	m^3
Dichte ϱ	$\varrho = \frac{m}{V}$	Kilogramm durch Kubikmeter Gramm durch Kubikzentimeter	$\frac{kg}{m^3}$ $\frac{g}{cm^3}$
Geschwindigkeit v	$v = \frac{s}{t}$	Meter durch Sekunde	$\frac{m}{s}$
Beschleunigung a (g)	$a = \frac{v}{t}$	Meter durch Sekundequadrat	$\frac{m}{s^2}$
Frequenz ν, f	$\nu = \frac{n}{t}$ (n: Anz.d.Schwingungen)	Hertz	$Hz = \frac{1}{s}$
Winkelgeschwindigkeit (Kreisfrequenz) ω	$\omega = \frac{\varphi}{t} = 2\pi\nu$	Radiant durch Sekunde	$\frac{1}{s}$
Kraft F (Gewichtskraft G)	$F = m \cdot a$ $G = m \cdot g$	Newton	$N = \frac{kg\,m}{s^2}$
Wichte γ	$\gamma = \frac{G}{V}$	Newton durch Kubikmeter Zentinewton durch Kubikzentimeter	$\frac{N}{m^3}$ $\frac{cN}{cm^3}$
Druck p	$p = \frac{F}{A}$	Pascal	$Pa = \frac{N}{m^2}$
Kraftstoß oder Impuls p	$p = m \cdot v = F \cdot t$	Newtonsekunde	$Ns = \frac{kg\,m}{s}$
Drehmoment M	$M = F \cdot r$	Newtonmeter	$Nm = \frac{kg\,m^2}{s^2}$

Trägheits-moment *J*	$J = \Sigma r_i^2 \cdot m_i$	Kilogrammeter-quadrat $\mathrm{kgm^2}$
Arbeit *W* Energie *W*	$W = F \cdot s$	Newtonmeter, Joule oder Wattsekunde $\mathrm{J = Ws = Nm}$ $\mathrm{Nm} = \frac{\mathrm{kg\,m^2}}{\mathrm{s^2}}$
Leistung *P*	$P = \frac{W}{t}$	Watt $= \frac{\text{Joule}}{\text{Sekunde}}$ $\mathrm{W} = \frac{\mathrm{J}}{\mathrm{s}}$
spezifische Wärme-kapazität *c*	$c = \frac{\Delta W}{\Delta \vartheta \cdot m}$	Joule durch (Kilogramm Kelvin) $\frac{\mathrm{J}}{\mathrm{kg\,K}}$
elektrische Spannung *U*	$U = \frac{P}{I} \Leftrightarrow P = U \cdot I$ $U = \frac{W}{I \cdot t} \Leftrightarrow W = U \cdot I \cdot t$	Volt $\mathrm{V} = \frac{\mathrm{W}}{\mathrm{A}}$
Widerstand *R*	$R = \frac{U}{I}$	Ohm $\Omega = \frac{\mathrm{V}}{\mathrm{A}}$
spezifischer Widerstand *ϱ*	$\varrho = \frac{RA}{l}$	Ohmmeter $\Omega\mathrm{m}$
Ladung *Q*	$Q = I \cdot t$	Coulomb $\mathrm{C = As}$
Kapazität *C*	$C = \frac{Q}{U}$	Farad $\mathrm{F} = \frac{\mathrm{C}}{\mathrm{V}}$
elektrische Feldstärke *E*	$E = \frac{F}{Q}$	Volt durch Meter $\frac{\mathrm{N}}{\mathrm{C}} = \frac{\mathrm{V}}{\mathrm{m}}$
Verschiebungs-dichte *D*	$D = \frac{Q}{A}$	Coulomb durch Quadratmeter $\frac{\mathrm{C}}{\mathrm{m^2}}$
magnetische Feldstärke *H*	$H = \frac{w \cdot I}{l}$	Ampere durch Meter $\frac{\mathrm{A}}{\mathrm{m}}$
Aktivität einer radioaktiven Substanz *A*	$A = \frac{\Delta N}{\Delta t}$	reziproke Sekunde $\mathrm{s^{-1}} = \frac{1}{\mathrm{s}}$

8.2 Umrechnungsmöglichkeiten

Druck	Pa	mbar	at	Torr	atm
1 Pa $= 1 \frac{\mathrm{N}}{\mathrm{m^2}}$	1	10^{-2}	$1{,}02 \cdot 10^{-5}$	$0{,}75 \cdot 10^{-2}$	$0{,}987 \cdot 10^{-5}$
1 mbar	10^2	1	$1{,}02 \cdot 10^{-3}$	0,75	$0{,}987 \cdot 10^{-3}$
1 at	$0{,}981 \cdot 10^5$	981	1	735,6	0,9678
1 Torr	133,3	1,333	$1{,}36 \cdot 10^{-3}$	1	$1{,}316 \cdot 10^{-3}$
1 atm	$1{,}013 \cdot 10^5$	1013	1,033	760	1

(mbar: Millibar; at: technische Atmosphäre; Torr ≙ mm Hg-Säule; atm: physikalische Atmosphäre)

Energie	J	kpm	kWh	kcal	eV
1 J = 1 Nm = = 1 Ws	1	0,102	$2{,}778 \cdot 10^{-7}$	$0{,}2389 \cdot 10^{-3}$	$0{,}6242 \cdot 10^{19}$
1 kpm	9,81	1	$2{,}724 \cdot 10^{-6}$	$2{,}343 \cdot 10^{-3}$	$0{,}6121 \cdot 10^{20}$
1 kWh	$3{,}6 \cdot 10^{6}$	$3{,}671 \cdot 10^{5}$	1	860,1	$2{,}247 \cdot 10^{25}$
1 kcal	$4{,}186 \cdot 10^{3}$	426,9	$1{,}163 \cdot 10^{-3}$	1	$2{,}613 \cdot 10^{22}$
1 eV	$1{,}602 \cdot 10^{-19}$	$1{,}634 \cdot 10^{-20}$	$4{,}45 \cdot 10^{-26}$	$3{,}828 \cdot 10^{-23}$	1

(kpm: Kilopondmeter; kWh: Kilowattstunde; kcal: Kilocalorie; eV: Elektronenvolt)

Leistung	W	$\frac{\text{kpm}}{\text{s}}$	$\frac{\text{kcal}}{\text{s}}$	PS
$1\ \text{W} = 1\ \frac{\text{J}}{\text{s}}$	1	0,102	$0{,}2389 \cdot 10^{-3}$	$1{,}36 \cdot 10^{-3}$
$1\ \frac{\text{kpm}}{\text{s}}$	9,81	1	$2{,}343 \cdot 10^{-3}$	$1{,}333 \cdot 10^{-2}$
$1\ \frac{\text{kcal}}{\text{s}}$	$4{,}186 \cdot 10^{3}$	426,9	1	5,691
1 PS	735,5	75	0,1757	1

Temperatur

$T = \vartheta + 273{,}15\ \text{K}$ $\qquad \vartheta = T - 273{,}15\ °\text{C}$

(T: Temperatur in Kelvin; ϑ: Temperatur in Grad Celsius)

Geschwindigkeit

$V = 1\ \frac{\text{m}}{\text{s}} = 3{,}6 \frac{\text{km}}{\text{h}}$; $V = 1 \frac{\text{km}}{\text{h}} = 0{,}2778 \frac{\text{m}}{\text{s}}$

8.3 Vielfache und Teile von Einheiten und Konstanten

Vorsilbe	Zeichen	Bedeutung	Vorsilbe	Zeichen	Bedeutung
Tera	T	10^{12} fach	Zenti	c	10^{-2} fach
Giga	G	10^{9} fach	Milli	m	10^{-3} fach
Mega	M	10^{6} fach	Mikro	μ	10^{-6} fach
Kilo	k	10^{3} fach	Nano	n	10^{-9} fach
Hekto	h	10^{2} fach	Piko	p	10^{-12} fach
Deka	da	10 fach	Femto	f	10^{-15} fach
Dezi	d	10^{-1} fach	Atto	a	10^{-18} fach

Konstanten

Atomare Masseneinheit	1 u	$= 1{,}66 \cdot 10^{-24}$ g
Avogadro-Konstante	N_A	$= 6{,}022 \cdot 10^{23}\ \text{mol}^{-1}$
Molares Volumen des idealen Gases	V_m	$= 22{,}414\ \text{l} \cdot \text{mol}^{-1}$
Molare Gaskonstante	R	$= 8{,}314\ \text{J} \cdot \text{mol}^{-1} \cdot \text{K}^{-1}$
Lichtgeschwindigkeit im Vakuum	c	$= 299\,792\ \text{km} \cdot \text{s}^{-1}$
Schallgeschwindigkeit in Luft	v	$= 340\ \text{m} \cdot \text{s}^{-1}$
elektrische Elementarladung	e	$= 1{,}602 \cdot 10^{-19}$ C
Faraday-Konstante	F	$= 96\,485\ \text{C} \cdot \text{mol}^{-1}$

8

8.4 Formeln

Formeln	Bedeutung	Umformungen oder Beispiele
$\varrho = \frac{m}{V}$	Die **Dichte** eines Stoffes ergibt sich als Quotient aus Masse und Volumen.	$m = \varrho \cdot V; V = \frac{m}{\varrho}$
$\mu = \frac{F_R}{F_N}$	Als **Reibungszahl** eines Körpers ist der Quotient aus Reibungskraft und Normalkraft (Kraft senkrecht zur Reibungsfläche!) definiert.	$F_R = \mu \cdot F_N; F_N = \frac{F_R}{\mu}$
$F = \frac{L}{n}$	Am **Flaschenzug** ergibt sich die Kraft als Quotient von Last und Rollenzahl *n*.	$L = n \cdot F; n = \frac{L}{F}$
$F_1 \cdot l_1 = F_2 \cdot l_2$	**Hebelgesetz:** An einem Hebel herrscht Gleichgewicht, wenn die Produkte aus Kraftbetrag und dem entsprechenden Kraftarm gleich groß sind. (Ein Produkt aus Kraftbetrag und Kraftarm heißt **Drehmoment.**)	$F_1 = F_2 \cdot \frac{l_2}{l_1}$; $l_1 = l_2 \cdot \frac{F_2}{F_1}$ $F_2 = F_1 \cdot \frac{l_1}{l_2}$; $l_2 = l_1 \cdot \frac{F_1}{F_2}$
$\frac{F}{L} = \frac{h}{l}$	**Schiefe Ebene:** An einer schiefen Ebene verhält sich die Kraft zur Last wie die Höhe der schiefen Ebene zu ihrer Länge.	$F = \frac{h}{l} L \cdot ; L = F \cdot \frac{l}{h}$ $h = l \cdot \frac{F}{L}; l = h \cdot \frac{L}{F}$
$W = F \cdot s$	**Arbeit** ist als Produkt aus einem zurückgelegten Weg *s* und der in Richtung dieses Weges wirkenden Kraft definiert.	$F = \frac{W}{s}; s = \frac{W}{F}$
$P = \frac{W}{t}$	Die **Leistung** ergibt sich als Quotient aus Arbeit und Zeit.	$P = \frac{W}{t} = \frac{F \cdot s}{t}; W = P \cdot t; t = \frac{W}{P}$
$v = \frac{s}{t}$	Die **Geschwindigkeit** eines gleichmäßig bewegten Körpers ergibt sich als Quotient aus zurückgelegtem Weg und der benötigten Zeit.	$s = v \cdot t; t = \frac{s}{v}$
$p = \frac{F}{A}$	Der **Druck** ist als Quotient aus Kraftbetrag und Größe der wirksamen Fläche definiert.	$F = p \cdot A; A = \frac{F}{p}$
$F_A = \gamma \cdot V$	Die **Auftriebskraft**, die ein Körper in einer Flüssigkeit erfährt, ist gleich der Gewichtskraft (Produkt aus Volumen und Wichte) der verdrängten Flüssigkeitsmenge.	$\gamma = \frac{F_A}{V}; V = \frac{F_A}{\gamma}$

$p \cdot V = \text{const.}$	Gesetz von **Boyle-Mariotte:** Bei gleichbleibender Temperatur ist das Produkt aus Druck und Volumen einer abgeschlossenen Gasmenge konstant.	$p_1 \cdot V_1 = p_2 \cdot V_2 = p_3 \cdot V_3$ $p_1 = p_2 \cdot \frac{V_2}{V_1}$; $p_2 = p_1 \cdot \frac{V_1}{V_2}$ $V_1 = V_2 \cdot \frac{p_2}{p_1}$; $V_2 = V_1 \cdot \frac{p_1}{p_2}$
$l = l_0 (1 + \alpha\vartheta)$	**Längenausdehnung** fester Körper l_0: Ursprungslänge ϑ: Temperaturerhöhung α: Längenausdehnungskoeffizient	$l_0 = \frac{l}{1 + \alpha\vartheta}$ $\vartheta = \frac{l - l_0}{\alpha \cdot l_0}$ $\alpha = \frac{l - l_0}{\vartheta \cdot l_0}$
$V = V_0 (1 + \gamma\vartheta)$	**Raumausdehnung** fester und flüssiger Körper γ: Raumausdehnungskoeffizient	$V_0 = \frac{V}{1 + \gamma\vartheta}$; $\vartheta = \frac{V - V_0}{V_0 \gamma}$ $\gamma = \frac{V - V_0}{V_0 \vartheta}$
$V = V_0 \left(1 + \frac{\vartheta}{273}\right)$ $V = \gamma V_0 T$	**Gesetz von Gay-Lussac:** Bei konstantem Druck dehnen sich alle Gase bei 1 Grad Erwärmung um $\frac{1}{273}$ desjenigen Volumens aus, das sie bei 0° C besitzen. $\gamma = \frac{1}{273}$, T: Temperatur in Kelvin	$V_0 = \frac{V}{1 + \frac{\vartheta}{273}}$; $\vartheta = \frac{273\,(V - V_0)}{V_0}$
$\frac{p \cdot V}{T} = \text{const.}$	**Allgemeine Gasgleichung** (Zustandsgleichung idealerGase)	$p \cdot V = c \cdot T$ $\frac{p_0 V_0}{T_0} = \frac{p \cdot V}{T}$ $V_0 = \frac{p}{p_0} \cdot \frac{T_0}{T} \cdot V$ (Reduktion auf Normalvolumen)
$p = p_0 \left(1 + \frac{\vartheta}{273}\right)$	**Gesetz von Amontons:** In einem idealen Gas nimmt bei konstantem Volumen und 1 Grad Temperatursteigerung der Druck um $\frac{1}{273}$ des Druckes bei 0° C zu.	$p_0 = \frac{p}{1 + \frac{\vartheta}{273}}$ $\vartheta = \frac{273\,(p - p_0)}{p_0}$
$W = c \cdot m \cdot \Delta\vartheta$	Die **Wärmeenergie** eines Körpers ergibt sich als Produkt aus spezifischer Wärme c, Masse m und Temperaturerhöhung $\Delta\vartheta$.	$c = \frac{W}{m \cdot \Delta\vartheta}$; $m = \frac{W}{c \cdot \Delta\vartheta}$; $\Delta\vartheta = \frac{W}{c \cdot m}$
$c = \lambda \cdot \nu$	Die **Geschwindigkeit** einer (Schall)-**Welle** wird durch das Produkt aus Wellenlänge λ und Frequenz ν bestimmt.	$\lambda = \frac{c}{\nu}$; $\nu = \frac{c}{\lambda}$
$R = \frac{U}{I}$	**Ohmsches Gesetz:** Der elektrische Widerstand wird durch den Quotienten aus Spannung U und Stromstärke I definiert.	$U = R \cdot I$; $I = \frac{U}{R}$ $U = 200$ V, $I = 4$ A $\Rightarrow R = 50\ \Omega$

8

$R = \frac{\varrho \cdot l}{q}$	Der **Widerstand** eines Leiters ergibt sich als Produkt aus Artwiderstand ϱ und Länge des Leiters l, dividiert durch den Querschnitt q des Leiters.	$\varrho = \frac{R \cdot q}{l}$; $l = \frac{R \cdot q}{\varrho}$; $q = \frac{\varrho \cdot l}{R}$
$R = R_0 (1 + \alpha\vartheta)$	**Temperaturabhängigkeit des Widerstandes** R_0: Widerstand bei 20° C ϑ: Temperaturerhöhung α: Temperaturbeiwert eines Materials	$R_0 = \frac{R}{1 + \alpha\vartheta}$; $\vartheta = \frac{R - R_0}{\alpha \cdot R_0}$ $\alpha = \frac{R - R_0}{\vartheta \cdot R_0}$
$R = R_1 + R_2 + R_3 + \ldots + R_n$	In **Reihenschaltung** ist der Gesamtwiderstand gleich der Summe der Einzelwiderstände.	Reihenschaltung
$I = I_1 + I_2 + I_3 + I_4 + \ldots + I_n$	**1. Kirchhoffsches Gesetz:** Bei **Parallelschaltung** ist die Gesamtstromstärke gleich der Summe der Teilstromstärken in den einzelnen Stromkreisen.	Parallelschaltung
$I_1 : I_2 = R_2 : R_1$	**2. Kirchhoffsches Gesetz:** Bei **Parallelschaltung** verhalten sich die Teilstromstärken umgekehrt wie die Widerstände.	
$\frac{1}{R} = \frac{1}{R_1} + \frac{1}{R_2} + \frac{1}{R_3} + \ldots + \frac{1}{R_n}$	In **Parallelschaltung** addieren sich die Kehrwerte der Widerstände, dabei wird der Gesamtwiderstand kleiner als der kleinste Einzelwiderstand.	$R_1 = 200\ \Omega$, $R_2 = 100\ \Omega$, $R_3 = 300\ \Omega$ $\frac{1}{R} = \frac{1}{200} + \frac{1}{100} + \frac{1}{300} = \frac{3 + 6 + 2}{600} = \frac{11}{600}$ $R = \frac{600}{11} \approx 54{,}5\ \Omega$
$P = U \cdot I$	Die **elektrische Leistung** ergibt sich als Produkt aus Spannung und Stromstärke. (Maßeinheit Watt)	$U = \frac{P}{I}$; $I = \frac{P}{U}$
$W = U \cdot I \cdot t$	Die **elektrische Arbeit** bzw. **Energie** ergibt sich als Produkt aus Spannung, Stromstärke und Zeit (Maßeinheit Kilowattstunden kWh)	$W = I^2 \cdot R \cdot t$ $(U = R \cdot I)$ $t = \frac{W}{U \cdot I}$; $U = \frac{W}{I \cdot t}$; $I = \frac{W}{U \cdot t}$
$U_1 : U_2 = w_1 : w_2$ $I_1 : I_2 = w_2 : w_1$	**Transformatorgesetze:** Am Transformator verhalten sich die Spannungen wie die Windungszahlen der Spulen; die Stromstärken aber umgekehrt wie die Windungszahlen.	$U_1 = \frac{w_1}{w_2} \cdot U_2$; $U_2 = \frac{w_2}{w_1} \cdot U_1$ $I_1 = \frac{w_2}{w_1} \cdot I_2$; $I_2 = \frac{w_1}{w_2} \cdot I_1$

$E = \frac{F}{Q}$	Die **elektrische Feldstärke** ist definiert als Quotient aus Kraft und Ladung.	$F = Q \cdot E$; $Q = \frac{F}{E}$
$E = \frac{U}{d}$	Die **Feldstärke** eines **Kondensators** ergibt sich als Quotient aus Spannung und Plattenabstand d.	$U = E \cdot d$; $d = \frac{U}{E}$
$C = \frac{Q}{U}$	Die **Kapazität** eines Kondensators ist gleich dem Quotienten aus Ladung und der am Kondensator anliegenden Spannung.	$Q = C \cdot U$; $U = \frac{Q}{C}$
$\frac{1}{C} = \frac{1}{C_1} + \frac{1}{C_2} + \frac{1}{C_3} + \dots + \frac{1}{C_n}$	Bei **Reihenschaltung** von Kondensatoren addieren sich die Kehrwerte der Einzelkapazitäten.	$C_1 = 5\ \mu F$, $C_2 = 3\ \mu F$ $\frac{1}{C} = \frac{1}{5} + \frac{1}{3} = \frac{3+5}{15} = \frac{8}{15}$ $C = \frac{15}{8} \approx 1{,}87\ \mu F$
$C = C_1 + C_2 + C_3 + C_4 + \dots + C_n$	Bei **Parallelschaltung** von Kondensatoren addieren sich die Kapazitäten.	
$H = \frac{w \cdot I}{l}$	Die **magnetische Feldstärke** einer Spule ist gegeben durch das Produkt aus Windungszahl und Stromstärke, dividiert durch die Länge der Spule.	$I = \frac{H \cdot l}{w}$; $w = \frac{H \cdot l}{I}$; $l = \frac{w \cdot I}{H}$
$D = \frac{1}{f}$	Stärke, Brechwert oder **Dioptrie** einer Linse	
$\frac{\sin \alpha_1}{\sin \alpha_2} = \frac{n_2}{n_1} = n$	Snelliussches **Brechungsgesetz**	$n_1 \cdot \sin \alpha_1 = n_2 \cdot \sin \alpha_2$
$\frac{B}{G} = \frac{b}{g}$	**Abbildungsformel:** Bei einer Konvexlinse verhält sich Bildgröße zu Gegenstandsgröße wie Bildweite zu Gegenstandsweite.	$B = G \cdot \frac{b}{g}$; $G = \frac{g}{b} \cdot B$ $b = \frac{B}{G} \cdot g$; $g = \frac{G}{B} \cdot b$
$\frac{1}{g} + \frac{1}{b} = \frac{1}{f}$	**Linsengesetz:** Bei einer Konvexlinse ergibt die Summe der Kehrwerte von Gegenstands- und Bildweite den Kehrwert der Brennweite.	$f = 10$ cm; $g = 25$ cm $\frac{1}{b} = \frac{1}{f} - \frac{1}{g} = \frac{1}{10} - \frac{1}{25} = \frac{10-4}{100} = \frac{6}{100}$ $b = \frac{100}{6} = 16\frac{2}{3}$ cm

Gesetzmäßigkeiten einer Konvexlinse

Gegenstandsweite	Bildweite	Art des Bildes	Anwendungen
$g = \infty$	$b = f$	„punktförmig"	Brennglas
$g > 2f$	$f < b < 2f$	umgekehrt, verkleinert, reell	Fotoapparat, Auge
$g = 2f$	$b = 2f$	umgekehrt, gleich groß, reell	Kopieren, Bestimmung von f
$f < g < 2f$	$b > 2f$	umgekehrt, vergrößert, reell	Projektor
$g = f$	$b = \infty$		Herstellung paralleler Strahlen
$g < f$	$\|b\| > g$	aufrecht, vergrößert, virtuell	Lupe

8

8.5 Tabellen

Feste Körper

	Dichte bei 18° C kg/dm³	Längenausdehnungskoeff. bei 18° C 1/grd	Schmelztemperatur °C	Spez. el. Widerstand bei 18° C $\Omega \cdot mm^2/m$
Aluminium	2,70	0,000023	658	0,027
Blei	11,3	,00029	327	0,190
Eis bei 0° C	0,92	,00037	0	
Eisen, reines	7,86	,00012	1537	0,10
Glas, gewöhnliches	2,5	,00008	800...1400	$\approx 10^{16}$
Gold	19,3	,00014	1063	0,02
Kupfer	8,93	,00016	1084	0,016
Messing (66 Cu, 34 Zn)	8,3	,00018	≈900	0,08
Nickel	8,8	,00013	1453	0,07
Platin	21,4	,00009	1770	0,10
Silber	10,5	,00019	961	0,015
Wolfram	19,2	,00004	3380	0,049
Zink	7,12	,00026	420	0,05
Zinn	7,28	0,000027	232	0,10

Flüssigkeiten

		Dichte bei 18° C kg/dm³	Raumausdehnungskoeff. bei 18° C 1/grd	Schmelztemperatur °C	Siedetemperatur bei 1013 mbar °C
Benzol	C_6H_6	0,88	0,00116	5,5	80,1
Ethanol	C_2H_5OH	0,79	,00110	−114	78,3
Ethylether	$(C_2H_5)_2O$	0,71	,00162	−120	34,6
Glycerin	$C_3H_5(OH)_3$	1,26	,00050	18	290
Quecksilber	Hg	13,6	0,00018	− 38,8	357
Schwefelkohlenstoff	CS_2	1,27	,00118	−112	46,2
Tetrachlorkohlenstoff	CCl_4	1,59	,00123	− 22,9	76,6
Wasser	H_2O	0,999	,00019	0	100

Gase

		Dichte bei 0° C 1013 mbar g/dm³	Schmelztemperatur ° C	Siedetemp. bei 1013 mbar ° C	Kritische Temperatur ° C	Kritischer Druck bar
Ammoniak	NH_3	0,771	− 78	− 33	132	112,8
Chlor	Cl_2	3,214	−103	− 34	144	77,5
Helium	He	0,179		−269	−268	2,25
Kohlendioxid	CO_2	1,977	− 56	− 79*	31	73,0
Luft	$(4\ N_2 + O_2)$ (frei von CO_2)	1,293	−210	−190	−141	37,3
Sauerstoff	O_2	1,429	−219	−183	−119	49,7
Stickstoff	N_2	1,250	−210	−196	−147	33,5
Wasserstoff	H_2	0,090	−259	−253	−240	12,8

Raumausdehnungskoeffizient (ideales Gas): $\frac{1}{273{,}15}\ \frac{1}{grd} = 0{,}0003661\ \frac{1}{grd}$

* Sublimationstemperatur bei 1013 mbar

8

Siedepunkt des Wassers

Siedepunkt des Wassers und Luftdruck

mbar	°C	mbar	°C	mbar	°C
1066 mbar	101,4°	933 mbar	97,7°	400 mbar	75,8°
1040 mbar	100,7°	866 mbar	95,7°	267 mbar	66,3°
1013 mbar	100,0°	800 mbar	93,6°	133 mbar	51,5°
986 mbar	99,3°	667 mbar	88,7°	67 mbar	37,1°
960 mbar	98,5°	533 mbar	82,9°	6 mbar	0°

Spezifische Wärmekapazität

Spezifische Wärmekapazität c in $\frac{J}{g \cdot K}$

Stoff	c	Stoff	c	Stoff	c
Aluminium	0,90	Silber	0,23	Quecksilber	0,14
Blei	0,13	Wolfram	0,13	Wasser	4,19
Eis	2,1	Zink	0,38		
Eisen	0,45	Zinn	0,23	Ammoniak	2,16
Glas	0,67			Chlor	0,74
Gold	0,13			Helium	5,23
Kupfer	0,39	Benzol	1,72	Kohlendioxid	0,84
Messing	0,38	Ethanol	2,43	Luft	1,01
Nickel	0,45	Ether	2,25	Sauerstoff	0,92
Platin	0,13	Glycerin	2,4	Stickstoff	1,04

Luftfeuchtigkeit

Die Wasserdampfmenge in 1 m³ Luft beträgt höchstens bei

Temp.	g/m³	Temp.	g/m³	Temp.	g/m³
−20°	0,9	+ 5°	6,8	+30°	30
−15°	1,4	10°	9,4	35°	38
−10°	2,2	15°	12,9	40°	49
− 5°	3,3	20°	17,3	50°	76
0°	4,8	25°	23,1		

Temperaturbeiwert α

Durch 1° Temperatursteigerung ändert sich der bei 20° C gemessene Widerstand dieser Stoffe **für jedes Ohm** um folgende Ohmzahlen:

Stoff	α	Stoff	α	Stoff	α
Aluminium	+0,0047	Konstantan	+0,00003	Nickelin	+0,00011
Chromnickel	+0,0003	Kupfer	+0,0043	Platin	+0,0039
Eisen	+0,0066	Manganin	+0,00001	Silber	+0,0041
Kohle	−0,0002 bis −0,0008	Messing	+0,0015	Wolfram	+0,0048

Geographische und astronometrische Konstanten

Erde

Länge des Äquators	40 070,4 km	lg: 4,6028
Äquatorhalbmesser	6 377,4 km	lg: 3,8046
Halbe Erdachse	6 356,9 km	lg: 3,8033
Mittlerer Erdradius*	6 370,0 km	lg: 3,8041
Länge des Äquatorgrades	111,3 km	lg: 2,0465
Mittlere Entfernung v. d. Sonne	149 500 000 km	lg: 8,1747
Umdrehungsgeschwindigkeit am Äquator		465,00 m/s
Mittlere Bahngeschwindigkeit		29,77 km/s
Umlaufsdauer (trop. Sonnenjahr)		$365^d\ 5^h\ 48^m\ 46^s$
1 Sterntag		$23^h\ 56^m\ 4{,}1^s$

Mond

Durchmesser	3 476,000 km	lg: 3,5411
Mittlere Entfernung von der Erde	384 403,000 km	lg: 5,5848
Umlaufsdauer (sid. Monat)		$27^d\ 7^h\ 43^m\ 11^s$
1 synodischer Monat		$29^d\ 12^h\ 44^m\ 3^s$

Sonne

Durchmesser	1 391 000 km
Entfernung vom nächsten Fixstern	4,3 Lichtjahre
1 Lichtjahr	9,463 Bill. km

* Der mittlere Radius entspricht dem Radius einer Kugel vom gleichen Inhalt wie das Geoid.

8

9 Begriffe, Formeln und Tafeln der Chemie

9.1 Allgemeine Grundbegriffe

Gemisch	In einem **Gemisch** liegen mehrere Stoffe nebeneinander vor, die sich durch physikalische Methoden wie Filtrieren, Destillieren, Zentrifugieren etc. voneinander trennen lassen.	Milch, Limonade, Bier, Mörtel, Rauch
Verbindung	In einer **Verbindung** haben sich mehrere Elemente in einer **chemischen Reaktion** zu einem neuen Stoff mit anderen Eigenschaften verbunden.	Schwefeleisen, Wasser, Glas, Alkohol, Zucker
Element	Unter einem **Element** versteht man einen Grundstoff, der sich nicht weiter auf chemischem Wege in andere Stoffe zerlegen läßt. Zur Zeit sind 105 Elemente bekannt. Jedes Element ist durch ein Symbol bezeichnet.	Flüssige Elemente: Quecksilber Hg, Brom Br_2 Gasförmige Elemente: Wasserstoff H_2, Sauerstoff O_2, Stickstoff N_2, Chlor Cl_2, Fluor F_2, Helium He, Neon Ne, Argon Ar, Krypton Kr, Xenon Xe, Radon Rn Feste Elemente: Eisen Fe, Zink Zn, Schwefel S, Kupfer Cu, Arsen As
Synthese	Unter einer **Synthese** versteht man einen Vorgang, bei dem sich mehrere Verbindungen oder Elemente zu einer neuen Verbindung zusammenfügen. $A + B \rightarrow AB$	$Fe + S \xrightarrow{\text{erh.}} FeS$ $4P + 5\,O_2 \rightarrow 2\,P_2O_5$
Analyse	Unter einer **Analyse** versteht man den Vorgang, durch den eine Verbindung so in ihre Elemente zerlegt wird, daß diese einwandfrei nachgewiesen werden können. $AB \rightarrow A + B$	$2\,HgO \xrightarrow{\text{erh.}} 2\,Hg + O_2$
Molekül	Das kleinste Teilchen einer Verbindung mit kovalenter Bindung heißt **Molekül.** Ein Molekül besteht aus zwei oder mehreren Atomen. Ein Molekül (und damit eine Verbindung) wird symbolisiert durch das Zusammensetzen der Symbole der Elemente, die in ihm in einem ganzzahligen Atomverhältnis enthalten sind.	Wasser (H_2O): 2 Atome Wasserstoff 1 Atom Sauerstoff Kohlendioxid CO_2: 1 Atom Kohlenstoff 2 Atome Sauerstoff
Atom	Ein **Atom** ist das kleinste, chemisch nicht zerlegbare Teilchen.	

	Atome bestehen aus einem **Kern** mit **Protonen** (positiv geladene Teilchen mit der Masse 1u) und **Neutronen** (elektrisch neutrale Teilchen mit der Masse 1u) und der **Elektronenhülle**, die in mehrere Schalen (Hauptquantenzahlen) unterteilt ist. Auf einer Schale mit der Nummer n können höchstens $2n^2$ Elektronen (⊖) angeordnet sein. Die Schalen werden auch mit den Buchstaben K, L, M, N, O, P von innen nach außen benannt.	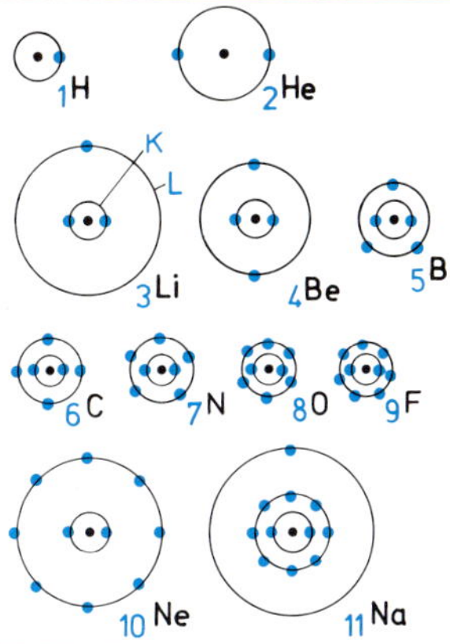 1H, 2He, K, L, 3Li, 4Be, 5B, 6C, 7N, 8O, 9F, 10Ne, 11Na
Ion	Werden von einem Atom Elektronen aufgenommen oder abgegeben, wird es negativ oder positiv geladen. Solch ein geladenes Teilchen bezeichnet man als **Ion.** Negativ geladene Ionen heißen **Anionen** und positiv geladene Ionen **Kationen.** Die Ladungen werden am Symbol gekennzeichnet.	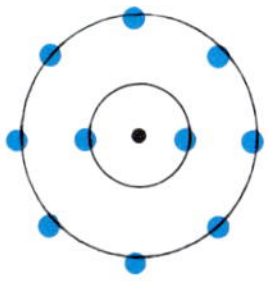 Na^+ -Ion 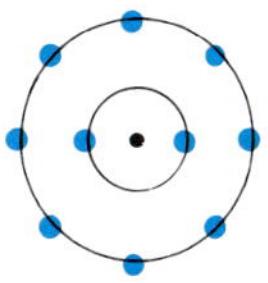 F^- -Ion
Wertigkeit	Die **Wertigkeit** eines Elements gibt an, wie viele Elektronen bei der Bildung einer Verbindung abgegeben bzw. aufgenommen werden können. Ein Atom kann so viele Elektronen abgeben, wie es auf der äußeren Schale besitzt (positive Wertigkeit, vorwiegend Elemente der ersten Gruppen), oder so viele Elektronen aufnehmen, wie ihm bis zur Zahl 8 fehlen (negative Wertigkeit, vorwiegend Elemente der letzten Gruppen).	Li, Na, K können 1 Elektron abgeben: +**1**-wertig Be, Mg, Ca können 2 Elektronen abgeben: +**2**-wertig Al kann 3 Elektronen abgeben: +**3**-wertig N, P können bis zu 5 Elektronen abgeben: +1, +2, +**3**, +4, +**5**-wertig können 3 Elektronen aufnehmen: −**3**-wertig
Ionenbindung	Werden bei einer chemischen Reaktion Elektronen abgegeben und von einem anderen Atom aufgenommen, entstehen Ionen. Die entgegengesetzt geladenen Ionen werden infolge der elektrostatischen Anziehungskraft zusammengehalten und in einer **Gitterstruktur** geordnet. Diese Art der chemischen Bindung wird **Ionenbindung** genannt.	$CaCl_2$ besteht aus Ca^{2+} und Cl^- Ionen im Verhältnis 1:2 $AlCl_3$ besteht aus Al^{3+} und Cl^- Ionen im Verhältnis 1:3 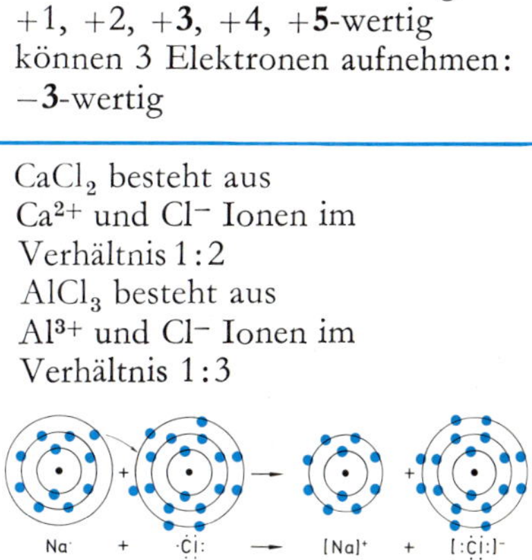 Na· + ·C̈l: → [Na]⁺ + [:C̈l:]⁻

9

Dissoziation	In wässeriger Lösung wird das Ionengitter zerstört. Dieser Vorgang heißt **Dissoziation.**	
Protolyse	Treten in wässeriger Lösung Moleküle oder Ionen mit Wassermolekülen so in Reaktion, daß Protonen an Wassermoleküle abgegeben werden oder den Wassermolekülen entzogen werden, spricht man von **Protolyse.**	$HCl + H_2O \rightarrow H_3O^+ + Cl^-$ $CO_2 + 2\,H_2O \rightleftharpoons H_3O^+ + HCO_3^-$ $NH_3 + H_2O \rightleftharpoons NH_4^+ + OH^-$ $CO_3^{2-} + H_2O \rightleftharpoons HCO_3^- + OH^-$
Kovalente Bindung	Sind mehrere Atome eines Moleküls miteinander verbunden, indem Elektronen gleichzeitig den Elektronenhüllen verschiedener Atome angehören und somit die Zahl 8 auf den äußeren Schalen der Atome erreicht wird. spricht man von einer **kovalenten Bindung** (oder Elektronenpaarbindung).	2 H-Atome + O-Atom → H_2O-Molekül
Oxidation	Unter einer **Oxidation** versteht man einen Vorgang, bei dem sich ein Element oder eine Verbindung mit Sauerstoff verbindet. Da hierbei den Atomen des betreffenden Elementes Elektronen entzogen werden, bezeichnet man allgemein eine Reaktion, bei der Elektronen abgegeben werden, als **Oxidation.** Eine Oxidation verläuft immer zusammen mit einer Reduktion (Redoxreaktion).	$2\,H_2 + O_2 \rightarrow 2\,H_2O$ $4\,P + 5\,O_2 \rightarrow 2\,P_2O_5$ $S + O_2 \rightarrow SO_2$ $2\,Mg + O_2 \rightarrow 2\,MgO$ $2\,Fe + 3\,F_2 \rightarrow 2\,FeF_3$ $\begin{pmatrix} 2\,Fe \rightarrow 2\,Fe^{3+} + 6\,e \\ 3\,F_2 + 6\,e \rightarrow 6\,F^- \end{pmatrix}$ $2\,Na + Cl_2 \rightarrow 2\,NaCl$ $\begin{pmatrix} 2\,Na \rightarrow 2\,Na^+ + 2\,e \\ Cl_2 + 2\,e \rightarrow 2\,Cl^- \end{pmatrix}$
Reduktion	Unter einer **Reduktion** versteht man einen Vorgang, bei dem einer Verbindung Sauerstoff entzogen wird. Da hierbei die Atome des betreffenden Elementes Elektronen aufnehmen, bezeichnet man allgemein eine Reaktion als Reduktion, bei der eine Elektronenaufnahme stattfindet.	$Fe_2O_3 + 3\,CO \xrightarrow{\text{erh.}} 2\,Fe + 3\,CO_2$ $(Fe^{3+} + 3\,e \rightarrow Fe)$ $CuO + H_2 \xrightarrow{\text{erh.}} Cu + H_2O$ $(Cu^{2+} + 2\,e \rightarrow Cu)$
Säure	Als **Säure** bezeichnet man eine Verbindung, die bei der Protolyse H^+-Ionen (Protonen) abgibt. Die Protonen bilden mit Wassermolekülen Hydroniumionen.	$RH + H_2O \rightarrow R^- + H_3O^+$ Säure + Wasser → Säurerestion + Hydroniumion

Basen (Laugen)	Als **Base** bezeichnet man eine Verbindung, die in wässeriger Lösung Hydroxidionen liefert oder Protonen an sich bindet. Die wäßrigen Lösungen heißen auch **Laugen**.	$NaOH \rightarrow Na^+ + OH^-$ $NH_3 + H_2O \rightarrow NH_4^+ + OH^-$
Neutralisation	Treten gleich viele Protonen (besser Hydronium-Ionen) und Hydroxidionen unter Wärmeabgabe zu Wassermolekülen zusammen, nennt man die Reaktion **Neutralisation**.	$H^+ + OH^- \rightarrow H_2O$ + Energie $H_3O^+ + OH^- \rightarrow 2\,H_2O$ + Energie
pH-Wert	Unter dem **pH-Wert** einer Lösung versteht man den negativen Logarithmus der Wasserstoffionenkonzentration.	pH = 2: 10^{-2} Mol H_3O^+ pro Liter pH = 7: neutrale Lösung pH < 7: saure Lösung pH > 7: basische Lösung
Indikator	Ein **Indikator** ist ein Stoff, der in einer Farbreaktion anzeigt, ob die Lösung neutral, sauer oder basisch reagiert.	**Phenolphthalein** neutral: farblos, sauer: farblos, basisch: rot **Lackmus** neutral: violett, sauer: rot, basisch: blau
Salz	Stoffe, die im festen Zustand Ionengitter bilden und in wässeriger Lösung mehr oder weniger dissoziieren, heißen **Salze**. Jedes Salz ist aus positiv und negativ geladenen Ionen zusammengesetzt.	$Na_2SO_4 \xrightarrow{\text{diss.}} 2\,Na^+ + SO_4^{2-}$ $NH_4Cl \xrightarrow{\text{diss.}} NH_4^+ + Cl^-$ $K_3PO_4 \xrightarrow{\text{diss.}} 3\,K^+ + PO_4^{3-}$
Salzbildung	Metall + Nichtmetall → Salz Metall + Säure → Salz + Wasserstoff Metalloxid + Säure → Salz + Wasser Lauge + Säure → Salz + Wasser Lauge + Nichtmetalloxid → Salz + Wasser	$2\,Na + Cl_2 \rightarrow 2\,NaCl$ $Zn + H_2SO_4 \rightarrow ZnSO_4 + H_2$ $CaO + 2\,HCl \rightarrow CaCl_2 + H_2O$ $KOH + HNO_3 \rightarrow KNO_3 + H_2O$ $Ca(OH)_2 + CO_2 \rightarrow CaCO_3 + H_2O$
relative Atommasse **atomare Masseneinheit**	Die relative **Atommasse** ergibt sich aus der Summe der Protonen und Neutronen eines Atoms. Die Atommasse ist eine Verhältniszahl und gibt an, wieviel mal schwerer das Atom als $\frac{1}{12}$ des Kohlenstoffatoms ist. $\frac{1}{12}$ der Masse eines Kohlenstoffatoms wird als atomare **Masseneinheit u** bezeichnet (s. S. 83).	Al Aluminium 26,98 Ba Barium 137,26 Pb Blei 207,21 Cl Chlor 35,46 Fe Eisen 55,85 He Helium 4,003 K Kalium 39,10
Molekülmasse	Die **Molekülmasse** ergibt sich als Summe der Atommassen der im Molekül enthaltenen Atome.	H_2O: 2 + 16 = 18 H_2SO_4: 2 + 32 + 4 · 16 = 98 CH_3COOH: 12 + 3 + 12 + 32 + 1 = 60

9

Mol	Ein **Mol** eines Stoffes enthält $6 \cdot 10^{23}$ kleinste Teilchen. Ein Mol ist eine Substanzmenge von soviel Gramm, wie die Molekülmasse angibt.	1 Mol Wasser: 18 g 1 Mol H_2SO_4: 98 g 1 Mol Essigsäure: 60 g

9.2 Formeln der anorganischen Chemie

HCl	**Chlorwasserstoffgas,** in wässeriger Lösung **Salzsäure**	$HCl + H_2O \rightarrow H_3O^+ + Cl^-$
Chloride	Die Salze der Salzsäure heißen **Chloride.** Das Chlorid-Ion ist negativ einwertig.	Natriumchlorid $NaCl$ Magnesiumchlorid $MgCl_2$ Aluminiumchlorid $AlCl_3$
HNO_3	**Salpetersäure**	$HNO_3 + H_2O \rightarrow H_3O^+ + NO_3^-$
Nitrate	Die Salze der Salpetersäure heißen **Nitrate.** Das Nitrat-Ion ist negativ einwertig.	Kaliumnitrat KNO_3 Zinknitrat $Zn(NO_3)_2$ Bismutnitrat $Bi(NO_3)_3$
H_2S	**Schwefelwasserstoff,** in wässeriger Lösung **Schwefelwasserstoffsäure,** ist eine zweibasische Säure. Die Protolyse erfolgt in zwei Stufen. Es entstehen zwei Reihen von Salzen.	$H_2S + H_2O \rightarrow H_3O^+ + HS^-$ $HS^- + H_2O \rightarrow H_3O^+ + S^{2-}$
Hydrogensulfide	Die Salze der ersten Protolysestufe der Schwefelwasserstoffsäure heißen **Hydrogensulfide.** Das Hydrogensulfid-Ion ist negativ einwertig.	Kaliumhydrogensulfid KHS Magnesiumhydrogensulfid $Mg(HS)_2$ Bismuthydrogensulfid $Bi(HS)_3$
Sulfide	Die Salze der zweiten Protolysestufe heißen **Sulfide.** Das Sulfid-Ion ist negativ zweiwertig.	Silbersulfid Ag_2S Zinksulfid ZnS Aluminiumsulfid Al_2S_3
H_2SO_3	**Schweflige Säure** ist eine zweibasische Säure. Die Protolyse erfolgt in zwei Stufen.	$H_2SO_3 + H_2O \rightarrow H_3O^+ + HSO_3^-$ $HSO_3^- + H_2O \rightarrow H_3O^+ + SO_3^{2-}$
Hydrogensulfite	Die Salze der ersten Protolysestufe der schwefligen Säure heißen **Hydrogensulfite.** Das Hydrogensulfit-Ion ist negativ einwertig.	Natriumhydrogensulfit $NaHSO_3$ Calciumhydrogensulfit $Ca(HSO_3)_2$ Bismuthydrogensulfit $Bi(HSO_3)_3$
Sulfite	Die Salze der zweiten Protolysestufe heißen **Sulfite.** Das Sulfit-Ion ist negativ zweiwertig.	Kaliumsulfit K_2SO_3 Magnesiumsulfit $MgSO_3$ Aluminiumsulfit $Al_2(SO_3)_3$
H_2SO_4	**Schwefelsäure** ist eine zweibasische Säure. Die Protolyse erfolgt in zwei Stufen.	$H_2SO_4 + H_2O \rightarrow H_3O^+ + HSO_4^-$ $HSO_4^- + H_2O \rightarrow H_3O^+ + SO_4^{2-}$

Hydrogensulfate	Die Salze der ersten Protolysestufe der Schwefelsäure heißen **Hydrogensulfate.** Das Hydrogensulfat-Ion ist negativ einwertig.	Natriumhydrogensulfat $NaHSO_4$ Calciumhydrogensulfat $Ca(HSO_4)_2$ Aluminiumhydrogensulfat $Al(HSO_4)_3$
Sulfate	Die Salze der zweiten Protolysestufe heißen **Sulfate.** Das Sulfat-Ion ist negativ zweiwertig.	Kaliumsulfat K_2SO_4 Kupfersulfat $CuSO_4$ Bismutsulfat $Bi_2(SO_4)_3$
$CO_2 + H_2O$	**Kohlensäure** ist eine schwache Säure. Sie bildet zwei Reihen von Salzen.	$CO_2 + 2\,H_2O \rightarrow H_3O^+ + HCO_3^-$ $HCO_3^- + H_2O \rightarrow H_3O^+ + CO_3^{2-}$
Hydrogencarbonate	Die Salze der ersten Protolysestufe der Kohlensäure heißen **Hydrogencarbonate.** Das Hydrogencarbonat-Ion ist negativ einwertig.	Natriumhydrogencarbonat$NaHCO_3$ Calciumhydrogencarbonat $Ca(HCO_3)_2$ Aluminiumhydrogencarbonat $Al(HCO_3)_3$
Carbonate	Die Salze der zweiten Protolysestufe heißen **Carbonate.** Das Carbonat-Ion ist negativ zweiwertig.	Natriumcarbonat Na_2CO_3 Calciumcarbonat $CaCO_3$ Aluminiumcarbonat $Al_2(CO_3)_3$
H_3PO_4	Ortho-**Phosphorsäure** ist eine dreibasische Säure. Die Protolyse erfolgt in drei Stufen. Die Säure bildet deshalb drei Reihen von Salzen.	$H_3PO_4 + H_2O \rightarrow H_3O^+ + H_2PO_4^-$ $H_2PO_4^- + H_2O \rightarrow H_3O^+ + HPO_4^{2-}$ $HPO_4^{2-} + H_2O \rightarrow H_3O^+ + PO_4^{3-}$
Dihydrogenphosphate (primäre Phosphate)	Die Salze der ersten Protolysestufe der Phosphorsäure heißen **Dihydrogenphosphate** oder **primäre Phosphate.**	Kaliumdihydrogenphosphat KH_2PO_4 Magnesiumdihydrogenphosphat $Mg(H_2PO_4)_2$ Aluminiumdihydrogenphosphat $Al(H_2PO_4)_3$
Hydrogenphosphate (sekundäre Phosphate)	Die Salze der zweiten Protolysestufe heißen **Hydrogenphosphate** oder **sekundäre Phosphate.**	Kaliumhydrogenphosphat K_2HPO_4 Magnesiumhydrogenphosphat $MgHPO_4$ Aluminiumhydrogenphosphat $Al_2(HPO_4)_3$
Phosphate (tertiäre Phosphate)	Die Salze der dritten Protolysestufe heißen **Phosphate** oder **tertiäre Phosphate.** Das Phosphat-Ion ist negativ dreiwertig.	Kaliumphosphat K_3PO_4 Magnesiumphosphat $Mg_3(PO_4)_2$ Aluminumphosphat $AlPO_4$
$NH_3 + H_2O$	**Ammoniakwasser**	$NH_3 + H_2O \rightarrow NH_4^+ + OH^-$
NaOH	**Natriumhydroxid**; in wässeriger Lösung **Natronlauge**	$NaOH \rightarrow Na^+ + OH^-$
KOH	**Kaliumhydroxid**; in wässeriger Lösung **Kalilauge**	$KOH \rightarrow K^+ + OH^-$
$Ca(OH)_2$	**Calciumhydroxid**; in wässeriger Lösung **Kalkwasser**	$Ca(OH)_2 \rightarrow Ca^{2+} + 2\,OH^-$
$Ba(OH)_2$	**Bariumhydroxid;** in wässeriger Lösung **Barytwasser**	$Ba(OH)_2 \rightarrow Ba^{2+} + 2\,OH^-$

9.3 50 wichtige Elemente

Name	Symbol	Ordnungszahl	relative Atommasse
Aluminium	Al	13	26,98
Antimon	Sb	51	121,75
Argon	Ar	18	39,95
Arsen	As	33	74,92
Barium	Ba	56	137,34
Beryllium	Be	4	9,01
Bismut	Bi	83	208,98
Blei	Pb	82	207,2
Bor	B	5	10,81
Brom	Br	35	79,90
Cadmium	Cd	48	112,40
Calcium	Ca	20	40,08
Chlor	Cl	17	35,45
Chrom	Cr	24	51,99
Cobalt	Co	27	58,93
Eisen	Fe	26	55,85
Fluor	F	9	18,99
Gold	Au	79	196,97
Helium	He	2	4,00
Iod	I	53	126,90
Kalium	K	19	39,10
Kohlenstoff	C	6	12,01
Krypton	Kr	36	83,80
Kupfer	Cu	29	63,55
Lithium	Li	3	6,94
Magnesium	Mg	12	24,31
Mangan	Mn	25	54,94
Natrium	Na	11	22,99
Neon	Ne	10	20,18
Nickel	Ni	28	58,71
Osmium	Os	76	190,2
Phosphor	P	15	30,97
Platin	Pt	78	195,09
Quecksilber	Hg	80	200,59
Radium	Ra	88	226,03
Radon	Rn	86	(222)
Sauerstoff	O	8	15,99
Schwefel	S	16	32,06
Selen	Se	34	78,96
Silber	Ag	47	107,87
Silicium	Si	14	28,09
Stickstoff	N	7	14,01
Strontium	Sr	38	87,62
Titan	Ti	22	47,90
Uran	U	92	238,03
Vanadin	V	23	50,94
Wasserstoff	H	1	1,01
Wolfram	W	74	183,85
Zink	Zn	30	65,38
Zinn	Sn	50	118,69

9.4 50 anorganische Verbindungen

Name	Formel
Ammoniak	NH_3
Ammoniumchlorid	NH_4Cl
Aluminiumoxid	Al_2O_3
Aluminiumsulfat	$Al_2(SO_4)_3$
Calciumcarbonat	$CaCO_3$
Calciumchlorid	$CaCl_2$
Calciumoxid	CaO
Calciumsulfat	$CaSO_4$
Chlorwasserstoff	HCl
Chrom(III)-oxid	Cr_2O_3
Eisen(II)-oxid	FeO
Eisen(III)-oxid	Fe_2O_3
Eisen(III)-chlorid	$FeCl_3$
Eisen(II)-sulfat	$FeSO_4$
Fluorwasserstoff	HF
Iodwasserstoff	HI
Kaliumbromid	KBr
Kaliumchlorid	KCl
Kaliumiodid	KI
Kaliumnitrat	KNO_3
Kaliumsulfat	K_2SO_4
Kohlendioxid	CO_2
Kohlenmonoxid	CO
Kupfer(II)-chlorid	$CuCl_2$
Kupfernitrat	$Cu(NO_3)_2$
Kupfer(I)-oxid	Cu_2O
Kupfer(II)-oxid	CuO
Kupfersulfat	$CuSO_4$
Magnesiumcarbonat	$MgCO_3$
Magnesiumchlorid	$MgCl_2$
Magnesiumoxid	MgO
Natriumcarbonat	Na_2CO_3
Natriumchlorid	$NaCl$
Natriumnitrat	$NaNO_3$
Natriumphosphat	Na_3PO_4
Natriumsulfat	Na_2SO_4
Phosphorpentoxid	$(P_2O_5)_2$
Schwefeldioxid	SO_2
Schwefeltrioxid	SO_3
Schwefelwasserstoff	H_2S
Silberbromid	$AgBr$
Silberchlorid	$AgCl$
Silbernitrat	$AgNO_3$
Stickstoffdioxid	NO_2
Stickstoffmonoxid	NO
Wasser	H_2O
Wasserstoffperoxid	H_2O_2
Zinkchlorid	$ZnCl_2$
Zinkoxid	ZnO
Zinksulfat	$ZnSO_4$

9.5 Formeln der organischen Chemie

Alkane $\mathbf{C_nH_{2n+2}}$	Als **Alkane** bezeichnet man kettenförmige Kohlenwasserstoffverbindungen ohne Doppelbindungen (gesättigt). (s. S. 104)	Ethan C_2H_6 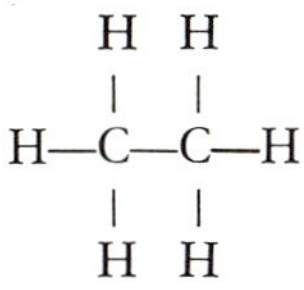 $\begin{array}{ccccc} & H & & H & \\ & \vert & & \vert & \\ H- & C & - & C & -H \\ & \vert & & \vert & \\ & H & & H & \end{array}$ Heptan C_7H_{16} 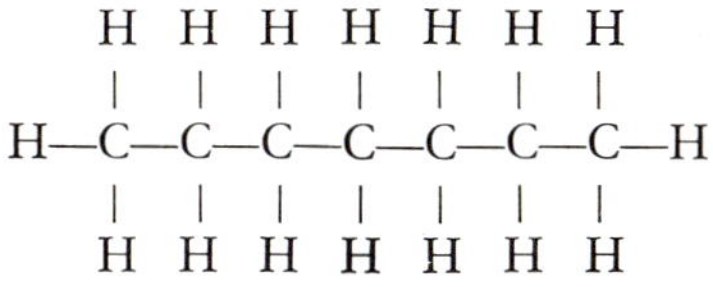 $\begin{array}{ccccccccccccccc} & H & & H & & H & & H & & H & & H & & H & \\ & \vert & & \vert & & \vert & & \vert & & \vert & & \vert & & \vert & \\ H- & C & - & C & - & C & - & C & - & C & - & C & - & C & -H \\ & \vert & & \vert & & \vert & & \vert & & \vert & & \vert & & \vert & \\ & H & & H & & H & & H & & H & & H & & H & \end{array}$
Alkene $\mathbf{C_nH_{2n}}$	Als **Alkene** bezeichnet man kettenförmige Kohlenwasserstoffverbindungen mit einer Doppelbindung. (s. S. 104)	Ethen (Ethylen) C_2H_4 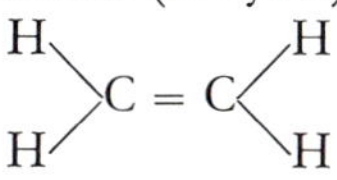 $\begin{array}{ccccccc} H & & & & & & H \\ & \diagdown & & & & \diagup & \\ & & C & = & C & & \\ & \diagup & & & & \diagdown & \\ H & & & & & & H \end{array}$ Propen (Propylen) C_3H_6 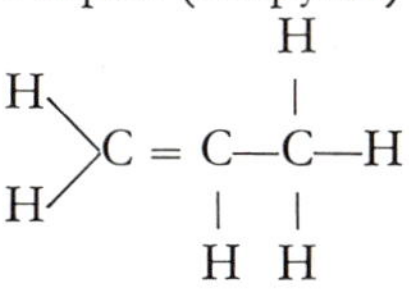 $\begin{array}{ccccccc} & & & & & H & \\ H & & & & & \vert & \\ & \diagdown & & & & & \\ & & C & = C - & C & -H \\ & \diagup & & \vert & & \vert & \\ H & & & H & & H & \end{array}$
Alkine $\mathbf{C_nH_{2n-2}}$	Als **Alkine** bezeichnet man kettenförmige Kohlenwasserstoffe mit einer Dreifachbindung.	Ethin (Acetylen) C_2H_2 $H-C\equiv C-H$
Diene $\mathbf{C_nH_{2n-2}}$	Als **Diene** bezeichnet man kettenförmige Kohlenwasserstoffe mit 2 Doppelbindungen.	Butadien C_4H_6 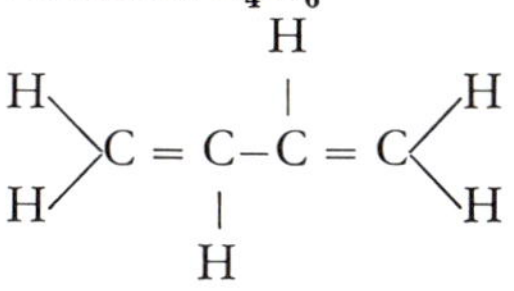 $\begin{array}{ccccccccccc} & & & & & H & & & & & \\ H & & & & & \vert & & & & & H \\ & \diagdown & & & & & & & & \diagup & \\ & & C & = & C - & C & = & C & & & \\ & \diagup & & & \vert & & & & & \diagdown & \\ H & & & & H & & & & & & H \end{array}$
Isomerie	Als **Isomerie** wird die Erscheinung bezeichnet, daß Verbindungen dieselbe Summenformel, aber verschiedene Strukturformeln besitzen können. Die entsprechenden Verbindungen mit gleicher Summenformel und verschiedener Strukturformel bezeichnet man als **isomere Verbindungen** oder kurz als **Isomere.**	n-Butan C_4H_{10} 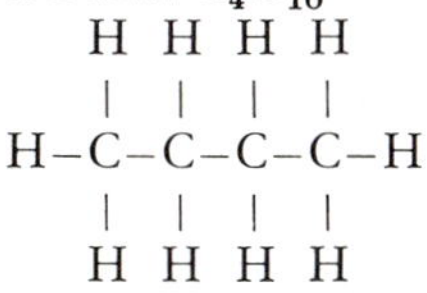 $\begin{array}{ccccccccc} & H & & H & & H & & H & \\ & \vert & & \vert & & \vert & & \vert & \\ H- & C & - & C & - & C & - & C & -H \\ & \vert & & \vert & & \vert & & \vert & \\ & H & & H & & H & & H & \end{array}$ iso-Butan C_4H_{10} 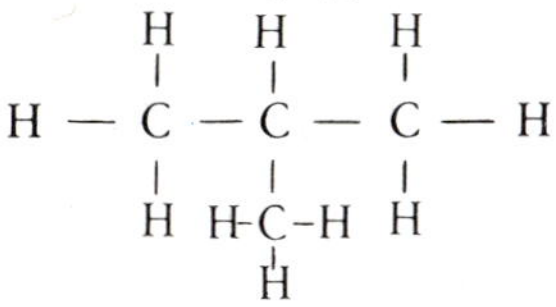 $\begin{array}{ccccccc} & H & & H & & H & \\ & \vert & & \vert & & \vert & \\ H - & C & - & C & - & C & - H \\ & \vert & & \vert & & \vert & \\ & H & & H-C-H & & H & \\ & & & \vert & & & \\ & & & H & & & \end{array}$

Schöningh-Schulbuch 3 506 37021 9

Cycloalkane C_nH_{2n}	Bei **cyclischen Kohlenwasserstoffen** sind die Kohlenstoffatome zu einem Ring zusammengefügt. Handelt es sich um gesättigte, ringförmige Kohlenwasserstoffe, nennt man sie **Cycloalkane.** (s. S. 104)	Cyclopropan C_3H_6 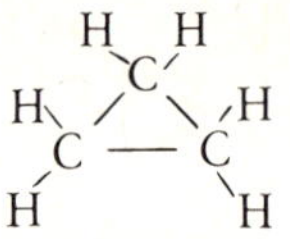 Cyclohexan C_6H_{12} 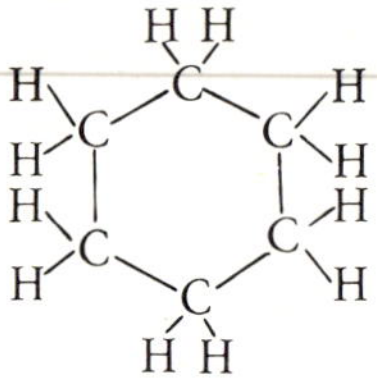
Aromatische Kohlenwasserstoffe	Als **aromatische Kohlenwasserstoffe** bezeichnet man unter anderen solche ringförmigen Kohlenwasserstoffe, die sich vom Benzol ableiten. Im Benzol sind 6 Kohlenstoffatome zu einem Ring geschlossen. Dabei verteilen sich 6 Elektronen unter Ausbildung einer besonderen Bindung über den ganzen Ring. Dies führt zu einer großen Stabilität. 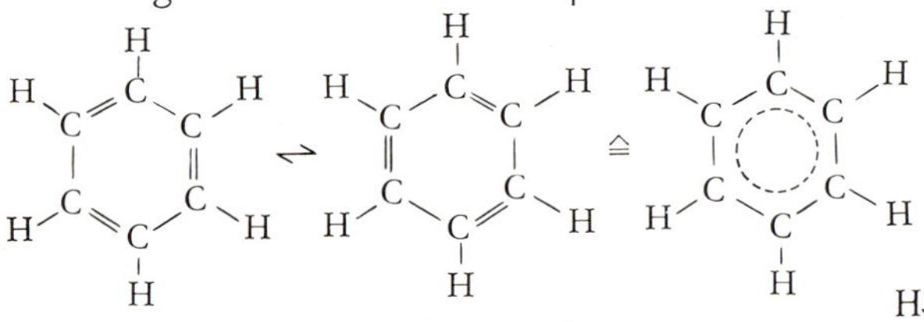 Aus dem Benzol entsteht das **Phenol**, wenn ein Wasserstoffatom durch eine Hydroxylgruppe –OH ersetzt wird.	Benzol C_6H_6 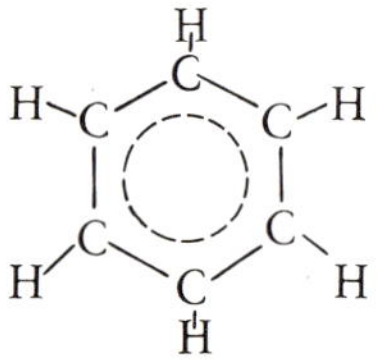 Toluol 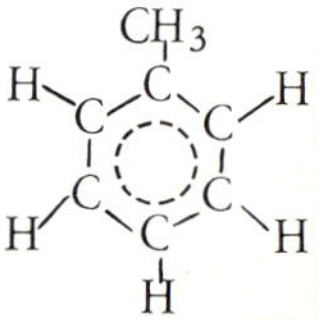 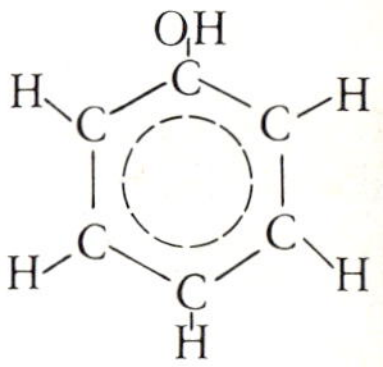 Phenol
Alkohole (Alkanole) R – OH	Derivate von Kohlenwasserstoffen, bei denen H-Atome durch OH-(Hydroxyl-)Gruppen ersetzt sind, werden als **Alkohole** bezeichnet. Leiten sich Alkohole von den Alkanen ab, heißen sie auch **Alkanole**. Die alkoholische OH-Gruppe wird im betreffenden Namen der Verbindung durch die Endung **-ol** gekennzeichnet. Man unterscheidet **primäre, sekundäre** und **tertiäre Alkohole.** Bei einem primären Alkohol befindet sich die OH-Gruppe an einem endständigen C-Atom. Bei	Methanol (Methylalkohol) CH_3OH 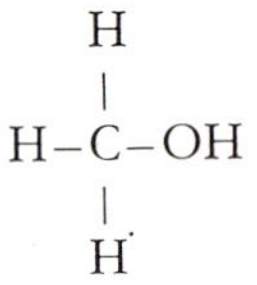 H–C(H)(H)–OH Ethanol (Ethylalkohol) C_2H_5OH 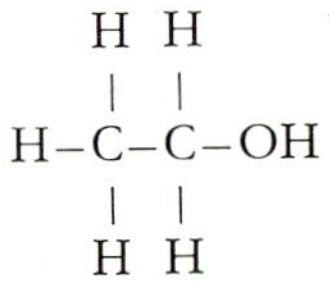 H–C(H)(H)–C(H)(H)–OH

9

	einem sekundären bzw. tertiären Alkohol ist das C-Atom mit der OH-Gruppe noch mit zwei bzw. drei weiteren C-Atomen verbunden. Treten 2 OH-Gruppen in einem Molekül auf, spricht man von **zweiwertigen Alkoholen** (Diole), bei 3 OH-Gruppen von **dreiwertigen** Alkoholen etc.	Glycerin (Propantriol) $C_3H_5(OH)_3$ H | H–C–OH | H–C–OH | H–C–OH | H
Aldehyde (Alkanale) R–CHO	**Aldehyde** entstehen durch Oxidation von Alkoholen. Der neue Name entsteht durch Anhängen der Silbe **-al** an den Namen des Kohlenwasserstoffs. Leiten sich die Aldehyde von den Alkanen ab, heißen sie auch **Alkanale.** (s. S. 104)	Methanal (Formaldehyd) HCHO H–C(=O)–H Ethanal (Acetaldehyd) CH_3CHO CH_3–C(=O)–H
Ether R–O–R′	Treten zwei Alkoholmoleküle unter Wasserabspaltung zusammen, entsteht ein **Ether.**	Diethylether $C_2H_5–O–C_2H_5$ Methylethylether $CH_3–O–C_2H_5$
Ketone (Alkanone) R–CO–R′	Sind zwei Kohlenwasserstoffreste über eine CO-Brücke verbunden, spricht man von **Ketonen** oder Alkanonen.	Propanon, Dimethylketon oder Aceton CH_3COCH_3 $CH_3–C–CH_3$ ‖ O
Carbonsäuren R–COOH	Durch Oxidation von Aldehyden (Alkanale) erhält man **Carbonsäuren.** Alle Carbonsäuren enthalten die **Carboxylgruppe** -COOH oder -C(=O)–OH (s. S. 104)	Name der Säure — Formel — Name der Salze Ameisens. — H **COOH** — Formiate Essigsäure — CH_3 **COOH** — Acetate Propions. — C_2H_5 **COOH** — Propionate Buttersäure — C_3H_7 **COOH** — Butyrate Palmitins. — $C_{15}H_{31}$ **COOH** — Palmitate Stearinsäure — $C_{17}H_{35}$ **COOH** — Stearate Benzoesäure — C_6H_5 **COOH** — Benzoate
Ungesättigte Carbonsäuren	Weisen die Kohlenwasserstoffketten der Carbonsäuren Doppelbindungen auf, spricht man von **ungesättigten Carbonsäuren.**	Acrylsäure — C_2H_3 **COOH** — Acrylate Ölsäure — $C_{17}H_{33}$ **COOH** — Oleate
Dicarbonsäuren	Treten zwei Carboxylgruppen auf, spricht man von **Dicarbonsäuren.** (s. S. 104)	Oxalsäure — COOH–COOH — Oxalate Weinsäure — **HOOC**–CH(OH)–CH(OH)–**COOH** — Tartrate

9

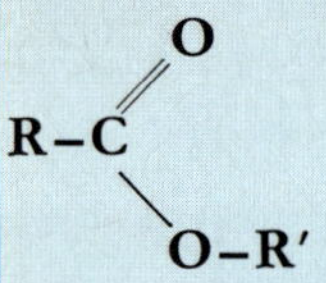 **Ester** $R-C(=O)-O-R'$	Reagieren Säuren und Alkohole unter Abspaltung von Wasser, entstehen **Ester.** (s. S. 104)	Essigsäureethylester (Ethylacetat) 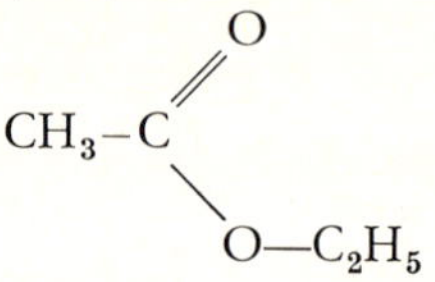 $CH_3-C(=O)-O-C_2H_5$
Fette	**Fette** bestehen aus Estern vorwiegend höherer Carbonsäuren (Fettsäuren) mit dem dreiwertigen Alkohol Glycerin. Die Unterschiede der Fette sind vor allem durch die verschiedenen Säurereste bedingt.	Struktur eines Fettmoleküls 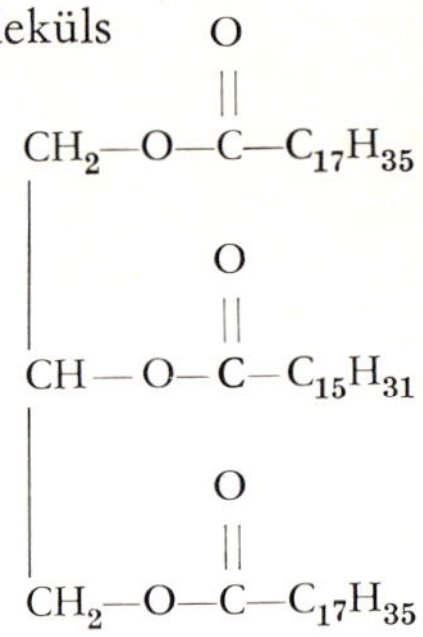 $CH_2-O-C(=O)-C_{17}H_{35}$ $CH-O-C(=O)-C_{15}H_{31}$ $CH_2-O-C(=O)-C_{17}H_{35}$
Seifen	Als **Seifen** bezeichnet man die Natrium- und Kaliumsalze der höheren Carbonsäuren, insbesondere der Palmitin-, Stearin- und Ölsäure.	$C_{17}H_{35}COONa$ Natriumstearat
Kohlenhydrate	Als **Kohlenhydrate** bezeichnet man solche Verbindungen, die neben Kohlenstoffatomen Wasserstoff- und Sauerstoffatome im Verhältnis 2 : 1 enthalten. Die Kohlenhydrate werden eingeteilt in **Monosaccharide**, **Disaccharide** und **Polysaccharide**.	Zucker, Stärke Cellulose
Monosaccharide $C_6H_{12}O_6$	Als **Monosaccharide** werden die Einfachzucker bezeichnet. Sie enthalten meist 6 C-Atome. Es spielen in der Natur aber auch Zucker mit 5 und 4 C-Atomen eine Rolle. In wässeriger Lösung bestehen gleichzeitig zwei Strukturen (Aldehydform und Halbacetalform).	Traubenzucker (Glucose) 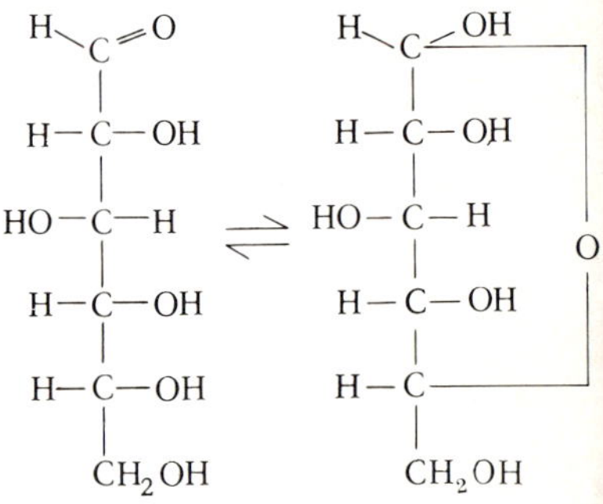 $H-C=O$ / $H-C-OH$ / $HO-C-H$ / $H-C-OH$ / $H-C-OH$ / CH_2OH $\rightleftharpoons$ $H-C-OH$ / $H-C-OH$ / $HO-C-H$ / $H-C-OH$ / $H-C$ / CH_2OH (Ring über O zwischen C1 und C5)
Disaccharide $C_{12}H_{22}O_{11}$	Treten zwei Monosaccharid-Moleküle unter Wasseraustritt zusammen, entsteht ein **Disaccharid.**	Malzzucker Milchzucker Rohrzucker

9

Polysaccharide $(C_6H_{10}O_5)_n$	Werden sehr viele Monosaccharidmoleküle unter Wasserabspaltung verknüpft, entstehen **Polysaccharide.**	Stärke, Cellulose
Aminosäuren	Enthält eine Carbonsäure noch eine oder mehrere Aminogruppen $(-NH_2)$, handelt es sich um eine **Aminosäure.** Eine Aminosäure reagiert als Säure $(-COOH)$ und als Base $(-NH_2)$.	Glycin CH_2NH_2COOH $H-CH(NH_2)-COOH$ $CH_3-CH(NH_2)-COOH$ Alanin CH_3CHNH_2COOH
Peptide	**Peptide** entstehen durch Verknüpfung von Aminosäuren unter Wasserabspaltung. Sie sind durch die Peptidgruppe – **CONH** – gekennzeichnet.	Dipeptid $H_2N-CH(R_1)-COOH + H_2N-CH(R_2)-COOH \rightarrow H_2N-CH(R_1)-CO-NH-CH(R_2)-COOH + H_2O$
Polypeptide Eiweißstoffe	Durch Verknüpfung vieler Aminosäuren über Peptidbindungen entstehen lange Kettenmoleküle. Bis zu einer Molmasse von etwa 10000 bezeichnet man diese als **Polypeptide**, darüber als **Eiweißstoffe.**	Polypeptidkette — Ausschnitt $\cdots-NH-CH(R_1)-CO-NH-CH(R_2)-CO-NH-CH(R_3)-CO-\cdots$
Makromoleküle	Moleküle mit Molmassen zwischen 10000 und einigen Millionen bezeichnet man als Riesenmoleküle oder **Makromoleküle.**	Polysaccharide (Stärke, Cellulose) Eiweißstoffe Kunststoffe

Kunststoffe	**Kunststoffe** sind Materialien, die durch eine chemische Synthese erzeugt werden. Sie bestehen aus Makromolekülen. Bei der Synthese werden sehr viele (> 1000) Einzelmoleküle (**Monomere**) zu Makromolekülen (**Polymere**) verknüpft.	Polyvinylchlorid (PVC) Polyethylen Polystyrol (Styropor) Phenolharze (z. B. Bakelit) Polyamide (Nylon, Perlon) Polyester (Trevira, Diolen) Polyacrylnitril (Orlon, Dralon) Plexiglas Polyurethane (Schaumstoffe)
Thermoplast	Ein Kunststoff, der beim Erwärmen allmählich weich und verformbar wird, ist ein Thermoplast. Ein **Thermoplast** ist aus Fadenmolekülen aufgebaut.	PVC (Polyvinylchlorid) Plexiglas Polyethylen Polystyrol Polyacrylnitril
Duroplast	Bleibt ein Kunststoff bis zur Zersetzungstemperatur fest, gehört er zur Gruppe der **Duroplaste.** Sie können nur schwer verformt und geschweißt werden. Ein Duroplast besteht aus engmaschig, netzartig verknüpften Makromolekülen.	Phenolharze (z. B. Bakelit) Aminoplaste Polyesterharze
Elastomer	Naturstoffe und Kunststoffe mit hoher Elastizität heißen **Elastomere.** Bei ihnen sind die Makromoleküle nur weitmaschig vernetzt.	Kautschuk Gummi Polyurethane
Polymerisation	Die **Polymerisation** ist eine chemische Reaktion, bei der unter dem Einfluß von Polymerisationsanregern (**Katalysatoren**) eine Vielzahl von einfach oder mehrfach ungesättigten, niedermolekularen Verbindungen (Monomere) durch Aneinanderlagerung in hochpolymere Stoffe übergeführt werden. Die Polymerisation verläuft als **Kettenreaktion.** Die entstehenden Stoffe heißen **Polymerisate.**	$n\ H_2C{=}CH_2 \xrightarrow{Kat.} [-CH_2-CH_2-]_n$ Ethylen → Polyethylen $n\ H_2C{=}CHCl \xrightarrow{Kat.} [-CH_2-CHCl-]_n$ Vinylchlorid → Polyvinylchlorid(PVC)

$$n\ H_2C{=}C(CH_3){-}C({=}O)OCH_3 \xrightarrow{Kat.} [-CH_2-C(CH_3)(COOCH_3)-]_n$$

Methacrylsäuremethylester → Polymethacrylat (Plexiglas)

Poly-kondensation	Das Wesen der **Polykondensation** ist charakterisiert durch eine chemische Reaktion zwischen Verbindungen mit mindestens je zwei funktionellen Gruppen, wobei einfache niedermolekulare Reaktionsprodukte wie Wasser, Chlorwasserstoff, Schwefelwasserstoff, Ammoniak, Alkohole etc. abgespalten werden. Die entstehenden Produkte nennt man **Polykondensate.**	$n\ H_2N{-}C({=}O){-}NH_2$ (Harnstoff) $+\ n\ H{-}C({=}O){-}H$ (Formaldehyd) $\xrightarrow[-nH_2O]{erh.}$ $[{-}HN{-}C({=}O){-}NH{-}CH_2{-}]_n$ Aminoplaste
Polyaddition	Unter **Polyaddition** versteht man eine Art Polymerisation, bei der jedoch eine Wanderung (Umlagerung) von Wasserstoffatomen stattfindet. Die entstehenden Produkte nennt man **Polyaddukte.**	

$$n\ HOOC - (CH_2)_4 - COOH + n\ H_2N - (CH_2)_6 - NH_2$$

Adipinsäure, Hexamethylendiamin

$$\downarrow -2n\ H_2O\ \text{erh.}$$

$$[-C(=O)-(CH_2)_4-C(=O)-NH-(CH_2)_6-NH-]_n$$

Nylon

$$n\ O=C=N-R_1-N=C=O + n\ HO-R_2-OH$$

Diisocyanat, Diol

$$\downarrow$$

$$[-C(=O)-NH-R_1-NH-C(=O)-O-R_2-O-]_n$$

Polyurethan (Schaumstoff)

9.6 50 organische Verbindungen

Name	Formel	Dichte $g \cdot cm^{-3}$	Schmelzpunkt °C	Siedepunkt °C
Methan	CH_4	0,00072	–183	–162
Ethan	C_2H_6	0,0014	–172	–89
Propan	C_3H_8	0,0020	–190	–42,3
Butan	C_4H_{10}	0,0027	–135	–0,5
Pentan	C_5H_{12}	0,63	–130	36
Hexan	C_6H_{14}	0,66	–95	69
Heptan	C_7H_{16}	0,68	–91	98
Octan	C_8H_{18}	0,70	–57	126
Cyclopentan	C_5H_{10}	0,74	–94	–49
Cyclohexan	C_6H_{12}	0,77	6,5	81
Ethen	C_2H_4	0,0013	–170	–104
Propen	C_3H_6	0,0019	–185	–48
Ethin (Acetylen)	C_2H_2	0,0012	–81	–84
Propin	C_3H_4	0,0018	–103	–213
Benzol	C_6H_6	0,87	5,5	80
Toluol	C_7H_8	0,86	–95	111
Methanol	CH_3OH	0,79	–98	65
Ethanol	C_2H_5OH	0,79	–115	78
Propanol-(1)	CH_3CH_2CHOH	0,80	–126	97
Propanol-(2)	$CH_3CHOHCH_3$	0,79	–89	82
Butanol-(1)	$CH_3CH_2CH_2CHOH$	0,81	–90	118
Butanol-(2)	$CH_3CH_2CHOHCH_3$	0,81	–114	100
Methanal	$HCHO$	0,82	–117	–19
Ethanal	CH_3CHO	0,77	–123	20
Propanal	C_2H_5CHO	0,79	–80	48
n-Butanal	C_3H_7CHO	0,80	–97	75
Propanon	CH_3COCH_3	0,79	–95	56
Methansäure	$HCOOH$	1,22	8	101
Ethansäure	CH_3COOH	1,05	17	118
Propansäure	C_2H_5COOH	0,99	–21	141
n-Butansäure	C_3H_7COOH	0,96	–5	163
Isobutansäure	$(CH_3)_2CHCOOH$	0,95	–47	154
n-Pentansäure	C_4H_9COOH	0,94	–35	186
n-Hexansäure	$C_5H_{11}COOH$	0,92	–3	206
Laurinsäure	$C_{11}H_{23}COOH$	0,87	43	–
Myristinsäure	$C_{13}H_{27}COOH$	0,85	54	–
Palmitinsäure	$C_{15}H_{31}COOH$	0,85	62	–
Stearinsäure	$C_{17}H_{35}COOH$	0,84	71	–
Ölsäure	$C_{17}H_{33}COOH$	0,89	14	–
Oxalsäure	$(COOH)_2$	1,90	190	–
Malonsäure	$CH_2(COOH)_2$	1,62	135	–
Bernsteinsäure	$C_2H_4(COOH)_2$	1,57	188	–
Benzoesäure	C_6H_5COOH	1,27	122	250
Benzylacetat	$CH_3COOH_2CC_6H_5$	1,08	–52	196
n-Butylformiat	$HCOOC_4H_9$	0,89	–92	107
Ethylacetat	$CH_3COOC_2H_5$	0,90	–84	77
Ethylformiat	$HCOOC_2H_5$	0,92	–81	55
Methylacetat	CH_3COOCH_3	0,93	–98	57
Methylformiat	$HCOOCH_3$	0,97	–99	32
Propylformiat	$HCOOC_3H_7$	0,91	–93	81

Stichwortverzeichnis zum mathematischen Teil (Kap. 0—7)

Abbildung 51
Abgeschlossenheit 42, 43
absoluter Betrag 14
Absorptionsgesetz 10
Abszisse 76
achsensymmetrisch 53
Achsensymmetrie 53
Addition 15, 16, 17, 71
Additionsverfahren 35
ähnlich 59
Ähnlichkeit 59
Ähnlichkeitsabbildung 59
Ähnlichkeitssätze 63
äquivalent 7, 34
Äquivalenz 4, 34
Äquivalenzrelation 25
algebraische Struktur 42—44
allgemeingültig 34
alternierende Reihe 40
antiproportionale Funktion 30
antireflexiv 24
antisymmetrisch 24
arithmetisches Mittel 39
arithmetische Folge 39
arithmetische Reihe 39
Assoziativgesetz 9, 14, 42, 43, 71
Asymptote 30
äußeres Produkt 73
Aussage 2, 33
Aussageform 2, 33
Außenwinkel 50
Axiom 42, 43

Barwert 41
Basis 20, 23, 61
Basiswinkel 61
Betrag 14, 70
Bewegung 56
Bijunktion 4
Bildpunkt 51
Binomialkoeffizienten 20, 47
binomische Formeln 19, 20
Bogenmaß 79
Brennpunkt 66
Bruchzahl 11, 16, 17

Definitionsmenge 26
dekadischer Logarithmus 24
Dekameter 80
de Morgansche Gesetze 10
Determinante 36
Determinantenverfahren 36
Dezimalbruch 17
Dezimalzahl 17
Dezimeter 80
Diagonale 63
Diagramm 5
Differenzmenge 8
disjunkt 6
Disjunktion 3, 35
Diskriminante 37
Distributivgesetz 10, 14, 19, 43
Division 15, 16, 18
Dodekaeder 69
Doppelzentner 80
Drachenviereck 64
Drehgruppe des Quadrats 55
Drehsymmetrie 55
drehsymmetrisch 55
Drehung 53, 54
Drehwinkel 54
Drehzentrum 54
Dreieck 60
Dreiecksungleichung 72
Durchschnittsmenge 8

echte Teilmenge 7
Einermenge 6
Einheitskreis 76
Einheitsvektor 71
Einsetzungsverfahren 36
Element 5
elementefremd 6, 8
Ellipse 66
Endgliedformel 39
endliche Menge 5
Endwert 41
Ereignis 46
Ergänzungsmenge 8
Erweitern 16
Eulersche Zahl 24, 47
Exponent 20
Exponentialfunktion 31

Fakultät 45, 47
fallende Reihe 39, 40
falsche Aussage 2, 33
Fixgerade 51
Fixpunkt 51
Fixpunktgerade 51
Flächeninhalt 58, 60 ff., 77
Flächenmaße 80
flächentreu 52
Folge 39 f.
Formel 34
Funktion 25 ff.
Funktionsgleichung 26

ganze Zahlen 10 f., 14
Gegenvektor 70
Gegenzahl 14
geometrische Folge 39
geometrische Reihe 39
geometrisches Mittel 40
gerade Pyramide 67
Geradenspiegelung 52
geradentreu 51
gerader Kegel 68
gerades Prisma 67
Gesetze von de Morgan 10
gleichschenklig 61 f.
Gleichsetzungsverfahren 36
gleichseitig 61
Gleitspiegelung 57
Gleichung 33, 34
Gleichungssystem 35
Gradmaß 79
Gramm 80
Graph 26
graphische Lösungsverfahren 36, 38
Grundfläche 66
Grundkante 67
Grundkonstruktion 52, 54, 55, 56, 58, 60
Grundmenge 34
Grundseite 64
Grundwert 18
Gruppe 42, 55, 57
Gruppentafel 44, 55, 57

Häufigkeit 46
Halbachse 66
Halbdrehung 56
Halbebene 37
Hektar 80
Hektoliter 80
Hektometer 80
Hexaeder 66, 69
Höhe 60, 67
Höhensatz 62
Hohlkugel 69
Hohlzylinder 68
Hyperbel 30
Hypotenuse 62, 74

Idempotenzgesetz 9
Identität 51, 56

Ikosaeder 69
imaginäre Einheit 22
imaginäre Zahlen 11
Implikation 4
Inkreis 61
inneres Produkt 72
Intervall 26
Invariante 51
inverse Relation 24
inverse Zahl 14, 16
inverses Element 43, 55
Inversionsgesetz 13, 14, 35
involutorisch 51
irrationale Zahlen 11, 21

Junktor 2

kantige Säule 66
Kapital 19
Kardinalzahl 6
Kathete 62, 74
Kathetensatz 62
Kegel 68
Kegelstumpf 68
Kehrwert 16, 23
Kilogramm 80
Kilometer 80
Klasseneinteilung 25
Körper 44, 66 ff.
Körperberechnung 66 ff.
Kombination 45
kommutative Gruppe 43, 54, 55, 58
kommutativer Ring 44
Kommutativgesetz 9, 14, 43, 71
Komplementärmenge 8
komplexe Zahlen 11, 38
Komponente 71
kongruent 56, 62
Kongruenz 56
Kongruenzabbildung 56
Kongruenzsätze 56, 62
Konjunktion 3, 35
Konstante 2
Koordinate 71
Koordinatensystem 26
Kosinus 74 ff.
Kosinusfunktion 75, 76, 79
Kosinussatz 78
Kotangens 74 ff.
Kotangensfunktion 74, 75, 79
Kreis 64
Kreisabschnitt 65
Kreisausschnitt 65
Kreisbogen 65
Kreisfläche 65
Kreiskegel 68
Kreisring 65
Kreisteile 64
Kreisumfang 65
Kubikdezimeter 80
Kubikfunktion 28
Kubikmeter 80
Kubikmillimeter 80
Kubikwurzel 21
Kubikwurzelfunktion 31
Kubikzentimeter 80
Kürzen 16
Kugel 68
Kugelabschnitt 69
Kugelausschnitt 69
Kugelkappe 69
Kugelschicht 69
Kugelzone 69

Längenmaße 80
längentreu 51
Laufzeit 19, 41
leere Menge 6, 7
Leerstelle 2
Linearfaktor 38
lineare Funktion 27
Liter 80
Logarithmus 23
Logarithmusfunktion 31
Lösungsmenge 33, 34, 37

Mantelfläche 68
Mantellinie 68
Masse 80
Menge 4
Menge der natürlichen Zahlen 10
— ganzen Zahlen 10
— rationalen Zahlen 11
— reellen Zahlen 11, 21
— komplexen Zahlen 11
Mengendiagramm 5
Meter 80
Milligramm 80
Millimeter 80
Minute 79 f.
Mittelparallele 64
Mittelpunkt 61
Mittelpunktswinkel 64
Mittelsenkrechte 61
Mittelwert 46
Monotoniegesetze 13
Multiplikation 15 ff.

nachschüssige Zahlung 41
natürliche Zahlen 10
natürlicher Logarithmus 24
Nebenwinkel 50
Negation 2
negative Zahlen 12
neutrales Element 15, 16, 42, 55
Normalform 37
Normalparabel 28
Nullvektor 54, 70
Numerus 23

Oberfläche 66 ff.
Oder-Verknüpfung 3
Oktaeder 69
Ordinate 76
Ordnungsrelation 25

Paarmenge 9
Parabel 28
parallelentreu 52
Parallelogramm 64
Parallelverschiebung 54
partielles Radizieren 22
Pascalsches Dreieck 20
Permutation 45
Periode 17
periodische Dezimalzahl 17
Pfeil 70
Pi 47, 48
Platzhalter 2, 33
Potenz 20, 47
Potenzfunktion 27, 31
Primzahl 12
Prisma 66
Produktmenge 9
proportionale Funktion 27
Proportionalität 18
Prozent 18
Prozentsatz 18
Prozentwert 18
prozentuale Häufigkeit 46
Punktmenge 26
Punktspiegelung 56
Punktsymmetrie 56
punktsymmetrisch 56
Pyramide 67
Pyramidenstumpf 67
Pythagoras 62
pythagoreische Zahlen 48

Quader 66
Quadrat 63
Quadratfunktion 28
quadratische Ergänzung 37
quadratische Funktion 29
quadratische Gleichung 37
Quadratkilometer 80
Quadratmeter 80

© Schöningh-Schulbuch 3 506 37021 9

Quadratmillimeter 80
Quadratwurzel 21
Quadratwurzelfunktion 31
Quadratzentimeter 80

Radikand 21
Radizieren 22
rationale Zahlen 12
Raumhöhe 67
Rauminhalt 66 ff.
Raummaße 80
Raute 63
Rechteck 63
rechtwinkliges Dreieck 62
reelle Zahlen 12, 21
reflexive Relation 24, 25
regelmäßige Pyramide 67
Reihe 39 ff.
Rekursionsformel 45
Relation 24, 25
relative Häufigkeit 46
Resultierende 71
reziproke Zahl 16, 23
Ring 43

Satz des Pythagoras 62
Satz des Thales 50
Satz von Vieta 38
Scheitelpunkt 28, 38
Scheitelwinkel 50
Schenkel 61, 64
Scherung 60
schiefe Pyramide 67
schiefer Kegel 68
schiefes Prisma 67
Schnittmenge 8
Schubspiegelung 57
Schuldentilgungsformel 42
Segment 65
Sehnensatz 64
Sehnen-Tangentenwinkel 64
Sehnenviereck 65
Seitenhalbierende 61
Seitenkante 67
Sekantensatz 65
Sekanten-Tangentensatz 65
Sektor 65
Sekunde 80
Sinus 74 ff.
Sinusfunktion 75, 79
Sinussatz 77
Skalar 72
Skalarprodukt 72
Spiegelachse 52
Standardabweichung 46
steigende Reihe 39
Steigungsfaktor 27
Strahlensätze 59
Streckung 57
Streckungsfaktor 57
Streckungsmaßstab 57
Streckungszentrum 57
Streuung 46
Struktur 42 ff.
Stufenwinkel 50
Stunde 80
Subjunktion 4
Subtraktion 15, 16, 17, 72
Summenformel 39, 40
Symmetrieachse 52
symmetrische Relation 24
Symmetriezentrum 55

Tag 80
Tageszinsen 19
Tangens 74, 76
Tangensfunktion 74, 76, 79
Tangentenviereck 65
Teilmenge 7
Term 2, 34
Termumformungen 19
Tetraeder 69
Thales-Satz 50
Tonne 80
transitive Relation 25
Transitivitätsgesetze 13
Translation 54
Trapez 64

überabzählbar 6
Umfang 63 ff.
Umfangswinkel 64
umkehrbar 51
Umkehrfunktion 32
Umkreis 61
Umlaufsinn 52
Und-Verknüpfung 3
uneigentliche Bewegung 57
unendliche geometrische Reihe 41
unendliche Menge 5
Ungleichung 33
Ungleichungssystem 35
Urpunkt 51
Ursprungsgerade 27

Variable 2, 33
Variation 45
Vektor 70 ff.
Vektorprodukt 73
Vereinigungsmenge 8
Verhältnis 18
Verhältnisgleichung 18
Verhältniskette 18
Verkettung 52 ff., 59
Vieta 38
Volumen 66 ff.
vorschüssige Zahlung 41

wahre Aussage 2, 33
Wahrheitstafel 3
Wahrheitswert 2
Wahrscheinlichkeit 45 f.
Wechselwinkel 50
Wertemenge 26
Winkel 50, 74
Winkelfunktion 74
Winkelhalbierende 61
Winkelmaß 50
Winkelsumme 50
winkeltreu 52
Würfel 66
Wurzel 20, 21

Zehnerlogarithmus 24
Zeit 19, 80
Zeitmaße 80
Zentiliter 80
Zentimeter 80
zentrische Streckung 57
Zinseszinsrechnung 41 f.
Zinsfaktor 41
Zinsformel 19
Zinssatz 19
Zufallszahlen 49
zweistellige Aussageform 33
Zylinder 67 f.

Stichwortverzeichnis zum physikalischen Teil (Kap. 8)

Abbildungsformel 87
Äquator 89
Äquatorgrad 89
Äquatorhalbmesser 89
Aktivität 82
allgemeine Gasgleichung 85
Aluminium 88 f.
Ammoniak 88
Amontons 85
Ampere 81
Arbeit 82, 86
Artwiderstand 86
astronometrische Konstanten 89
Atmosphäre 82
Atto 83
Auftriebskraft 84
Avogadro-Konstante 83

Bahngeschwindigkeit 89
Benzol 88
Beschleunigung 81
Bildgröße 87
Bildweite 87
Blei 88
Boyle-Mariotte 85
Brennweite 87

Candela 81
Chlor 88
Coulomb 82
Chromnickel 89

Deka 83
Dezi 83
Dichte 81, 84, 88
Dioptrie 87
Drehmoment 81, 84
Druck 81 f., 84

Einzelwiderstand 86
Eis 88
Eisen 88 f.
Elementarladung 83
elektrische Arbeit 86
elektrische Energie 86
elektrische Feldstärke 82, 87
elektrische Leistung 86
elektrische Spannung 82
elektrische Stromstärke 81
Energie 82 f., 86
Erdachse 89
Erde 89
Erdradius 89
Ethanol 88
Ethylether 88

Farad 82
Faraday-Konstante 83
Feldstärke 82, 87
Femto 83
feste Körper 88
Fixstern 89
Fläche 81
Flaschenzug 84
Flüssigkeiten 88

Gase 88
Gasgleichung 85
Gaskonstante 83
Gay-Lussac 85
Gegenstandsgröße 87
Gegenstandsweite 87
geographische Konstanten 89
Gesamtwiderstand 86
Gesetz von Amontons 85
Gesetz von Boyle-Mariotte 85
Gesetz von Gay-Lussac 85
Geschwindigkeit 81, 83 ff.
Gewichtskraft 81
Giga 83
Glas 88
Glycerin 88
Gold 88

Hebelgesetz 84
Hekto 83
Helium 88
Hertz 81

ideales Gas 88
Impuls 81

Joule 82

Kapazität 82, 87
Kelvin 81
Kilo 83
Kilocalorie 83
Kilogramm 81
Kilopondmeter 83
Kilowattstunde 83
Kirchhoffsche Gesetze 86
Kohle 89
Kohlendioxid 88 f.
Kondensator 87
Konstanten 83, 89
Konvexlinse 87
Kraft 81, 84
Kraftarm 84
Kraftbetrag 84
Kraftstoß 81
Kreisfrequenz 81
kritischer Druck 88
kritische Temperatur 88
Kubikmeter 81
Kupfer 88 f.

Ladung 82, 87
Länge 81
Längenausdehnung 85
Längenausdehnungskoeffizient 85, 88
Last 84
Leistung 82 ff., 86
Leiter 86
Leiterquerschnitt 86
Lichtgeschwindigkeit 83
Lichtjahr 89
Lichtstärke 81
Luft 88
Luftdruck 89
Luftfeuchtigkeit 89

magnetische Feldstärke 82, 87
Manganin 89
Masse 81
Masseneinheit 83
Mega 83
Messing 88 f.
Meter 81
Mikro 83
Milli 83
Millibar 82
molares Volumen 83
Mond 89

Nano 83
Newton 81
Newtonmeter 81
Newtonsekunde 81
Nickel 88
Nickelin 89
Normalkraft 84

Ohm 82
Ohmmeter 82
Ohmsches Gesetz 85

Parallelschaltung 86 f.
Pascal 81 f.
Pferdestärke 83
physikalische Atmosphäre 82
Piko 83
Platin 88 f.
PS 83

Quadratmeter 81
Quecksilber 88
Querschnitt 86

Raumausdehnung 85
Raumausdehnungskoeffizient 85, 88
Reibungskraft 84
Reibungszahl 84
Reihenschaltung 86 f.
Rollenzahl 84

Sauerstoff 88
Schallwelle 85
Schallgeschwindigkeit 83, 85
schiefe Ebene 84
Schmelztemperatur 88
Schwefelkohlenstoff 88
Sekunde 81
Siedepunkt 89
Siedetemperatur 88
Silber 88 f.
Snelliussches Brechungsgesetz 87
Sonne 89
Spannung 82
spezifischer Widerstand 82, 88
spezifische Wärmekapazität 82
Spule 86
Stickstoff 88
Stromstärke 81
synodischer Monat 89

technische Atmosphäre 82
Temperatur 81, 83
Temperaturabhängigkeit des Widerstandes 86
Temperaturbeiwert 86, 89
Temperaturerhöhung 85
Tera 83
Tetrachlorkohlenstoff 88
Torr 82
Trägheitsmoment 82
Transformator 86
Transformatorgesetze 86

Umdrehungsgeschwindigkeit 89
Umlaufsdauer 89

Verschiebungsdichte 82
Volt 82
Volumen 81

Wärmeenergie 85
Wasser 88 f.
Wasserstoff 88
Watt 82
Wattsekunde 82
Weg 84
Welle 85
Wichte 81
Widerstand 82, 85 f.
Winkelgeschwindigkeit 81
Wolfram 88 f.

Zeit 81, 84
Zenti 83
Zink 88
Zinn 88

Stichwortverzeichnis zum chemischen Teil (Kap. 9)

Acetaldehyd 99
Acetat 99
Aceton 99
Acetylen 97
Acrylat 99
Acrylsäure 99
Alanin 101
Aldehyd 99
Aldehydform 100
Alkan 97
Alkanal 99
Alkanol 98
Alkanon 99
Alken 97
Alkin 97
Alkohol 90, 98
Aluminium 93, 96
Aluminiumcarbonat 95
Aluminiumchlorid 94
Aluminiumdihydrogenphosphat 95
Aluminiumhydrogencarbonat 95
Aluminiumhydrogenphosphat 95
Aluminiumhydrogensulfat 95
Aluminiumoxid 96
Aluminiumphosphat 95
Aluminiumsulfat 96
Aluminumsulfid 94
Aluminiumsulfit 94
Ameisensäure 99
Aminogruppe 101
Aminoplaste 101
Aminosäure 101
Ammoniakwasser 95
Analyse 90
Anion 91
Antimon 96
Argon 91, 96
aromatische Kohlenwasserstoffe 98
Arsen 90, 96
Atom 90
atomare Masseneinheit 93
Atommasse 93

Bakelit 102
Barium 93, 96
Bariumhydroxid 95
Barytwasser 95
Base 93
Benzoat 99
Benzoesäure 99, 104
Benzol 98, 104
Bernsteinsäure 104
Beryllium 96
Benzylacetat 104
Bier 90
Bindung 91 f.
Bismut 96
Bismuthydrogensulfid 94
Bismuthydrogensulfit 94
Bismutnitrat 94
Bismutsulfat 95
Blei 93, 96
Bor 96
Butadien 97
Butan 97, 104
Butanal 104
Butanol 104
Butylformiat 104
Buttersäure 99
Butyrat 99

Cadmium 96
Calcium 96
Calciumcarbonat 95 f.
Calciumchlorid 96
Calciumoxid 96
Calciumhydrogencarbonat 95
Calciumhydrogensulfat 95
Calciumhydrogensulfit 94
Calciumhydroxid 95
Carbonat 95

Carbonat-Ion 95
Carbonsäure 99
Carboxylgruppe 99
Cellulose 100 f.
chemische Bindung 91 f.
chemische Reaktion 90
Chlor 90, 93, 96
Chlorid 94
Chlorid-Ion 94
Chlorwasserstoff 94
Chrom 96
Cobalt 96
Cycloalkane 98
Cyclohexan 98, 104
Cyclopentan 104
Cyclopropan 98

Destillieren 90
Dicarbonsäure 99
Dien 97
Diethylether 99
Dihydrogenphosphat 95
Dimethylketon 99
Diol 99
Diolen 102
Dipeptid 101
Disaccharid 100
Dissoziation 92
Doppelbindung 97
Dralon 102
Dreifachbindung 97
Duroplast 102

Eisen 90, 93, 96
Eisenchlorid 96
Eisenoxid 96
Eisensulfat 96
Eiweißstoff 101
Elastomer 102
Elektron 91
Elektronenhülle 91
Elektronenpaarbindung 92
Element 90, 96
Essigsäure 94, 99
Essigsäureethylester 100
Ethan 97, 104
Ethanal 99, 104
Ethanol 98, 104
Ethen 97, 104
Ether 99
Ethin 97, 104
Ethylacetat 100, 104
Ethylalkohol 98
Ethylformiat 104

feste Elemente 90
Fett 100
Fettmolekül 100
Filtrieren 90
flüssige Elemente 90
Fluor 90, 96
Fluorwasserstoff 96
Formaldehyd 99
Formiat 99

gasförmige Elemente 90
Gemisch 90
Gitterstruktur 91
Glycerin 99 f.
Glycin 101
Gold 96
Grundstoff 90
Gruppe 91
Gummi 102
Halbacetalform 100
Helium 90, 93, 96
Heptan 97, 104
Hexan 104
Hexansäure 104
Hydrogencarbonat 95
Hydrogencarbonat-Ion 95
Hydrogenphosphat 95
Hydrogensulfat 95
Hydrogensulfat-Ion 95
Hydrogensulfid 94
Hydrogensulfid-Ion 94
Hydrogensulfit 94
Hydrogensulfit-Ion 94
Hydroniumion 92 f.
Hydroxidion 93

Indikator 93
Iod 96
Iodwasserstoff 96
Ion 91
Ionenbindung 91
Ionengitter 92
iso-Butan 97
Isobutansäure 104
Isomerie 97

Kalilauge 95
Kalium 93, 96
Kaliumbromid 96
Kaliumchlorid 96
Kaliumdihydrogenphosphat 95
Kaliumhydrogenphosphat 95
Kaliumhydrogensulfid 94
Kaliumhydroxid 95
Kaliumiodid 96
Kaliumnitrat 94, 96
Kaliumphosphat 95
Kaliumsulfat 95 f.
Kaliumsulfit 94
Kalkwasser 95
Katalysator 102
Kation 91
Kautschuk 102
Kern 91
Keton 99
kettenförmige Kohlenwasserstoffe 97
Kettenreaktion 102
Kohlendioxid 90, 96
Kohlenhydrate 100
Kohlenmonoxid 96
Kohlensäure 95
Kohlenstoff 96
Kohlenwasserstoffe 97 f.
kovalente Bindung 92
Krypton 90, 96
Kupfer 90, 96
Kupferchlorid 96
Kupfernitrat 96
Kupferoxid 96
Kupfersulfat 96
Kunststoffe 102

Lackmus 93
Ladung 91
Lauge 93
Laurinsäure 104
Limonade 90

Magnesium 96
Magnesiumcarbonat 96
Magnesiumchlorid 94, 96
Magnesiumdihydrogenphosphat 95
Magnesiumhydrogenphosphat 95
Magnesiumhydrogensulfid 94
Magnesiumoxid 96
Magnesiumphosphat 95
Magnesiumsulfit 94
Malonsäure 104
Malzzucker 100
Mangan 96
Methan 104
Methanal 99, 104
Methanol 98, 104
Methylacetat 104
Methylalkohol 98
Methylethylether 99
Methylformiat 104
Milch 90
Milchzucker 100
Mörtel 90
Mol 94

Molekül 90
Molekülmasse 93 f.
Monosaccharid 100
Myristinsäure 104

Natrium 96
Natriumcarbonat 95 f.
Natriumchlorid 94, 96
Natriumhydrogencarbonat 95
Natriumhydrogensulfat 95
Natriumhydrogensulfit 94
Natriumhydroxid 95
Natriumnitrat 96
Natriumphosphat 96
Natriumsulfat 96
Natriumstearat 100
Natronlauge 95
n-Butan 97, 104
Neon 90, 96
Neutralisation 93
Neutron 91
Nickel 96
Nitrat 94
Nitrat-Ion 94
Nylon 102

Ölsäure 99, 104
Oleat 99
Orlon 102
Ortho-Phosphorsäure 95
Osmium 96
Oxalat 99
Oxalsäure 99, 104
Oxidation 92

Palmitat 99
Palmitinsäure 99, 104
Peptid 101
Peptidgruppe 101
Pentan 104
Pentansäure 104
Perlon 102
Phenol 98
Phenolharz 102
Phenolphthalein 93
Phosphat 95
Phosphor 96
Phosphorpentoxid 96
Phosphorsäure 95
pH-Wert 93
physikalische Methode 90
Platin 96
Plexiglas 102
Polyacrylnitril 102
Polyaddition 103
Polyaddukt 103
Polyamid 102
Polyester 102
Polyethylen 102
Polykondensat 103
Polykondensation 103
Polymer 102
Polymerisat 102
Polymerisation 102
Polypeptid 101
Polysaccharid 100 f.
Polystyrol 102
Polyvinylchlorid 102
Polyurethan 102 f.
primäres Phosphat 95
Propan 104
Propanal 104
Propanol 104
Propanon 99, 104
Propansäure 104
Propantriol 99
Propen 97, 104
Propionat 99
Propionsäure 99
Propin 104
Propylen 97
Propylformiat 104
Protolyse 92, 94 f.
Proton 91 ff.
PVC 102

Quecksilber 90, 96

Radium 96
Radon 90, 96
Rauch 90
Reaktion 90
Redoxreaktion 92
relative Atommasse 93

Säure 92, 94 f.
Salpetersäure 94
Salz 93
Salzbildung 93
Salzsäure 94
Sauerstoff 90, 96
Schaumstoff 102
Schwefel 90, 96
Schwefeldioxid 96
Schwefelsäure 94 f.
Schwefeltrioxid 96
schweflige Säure 94
Schwefelwasserstoff 94, 96
Schwefelwasserstoffsäure 94
Seife 100
Selen 96
sekundäres Phosphat 95
Silber 96
Silberbromid 96
Silberchlorid 96
Silbernitrat 96
Silbersulfid 94
Silicium 96
Stärke 101
Stearat 99
Stearinsäure 99, 104
Stickstoff 90, 96
Stickstoffdioxid 96
Stickstoffmonoxid 96
Stoff 90
Strontium 96
Strukturformel 95
Styropor 102
Sulfat 95
Sulfat-Ion 95
Sulfid 94
Sulfid-Ion 94
Sulfit 94
Sulfit-Ion 94
Summenformel 97
Symbol 90
Synthese 90

Tartrat 99
tertiäres Phosphat 95
Thermoplast 102
Titan 96
Toluol 98, 104
Traubenzucker 100
Trevira 102

Uran 96

Vanadium 96
Verbindung 90

Wasser 90, 92
Wasserstoff 90, 96
Wasserstoffperoxid 96
Weinsäure 99
Wertigkeit 91
Wolfram 96

Xenon 90

Zentrifugieren 90
Zink 90, 96
Zinkchlorid 96
Zinkoxid 96
Zinknitrat 94
Zinksulfat 96
Zinksulfid 94
Zinn 96
Zucker 90, 104

Abkürzungen und Symbole

$\wedge$	sowohl ... als auch; und
$\vee$	oder
$\Rightarrow$	daraus folgt
$\Leftrightarrow$	dann und nur dann
...	und so weiter bis
$\in$	ist Element aus
$\notin$	ist kein Element aus
$\subseteq$	ist Teilmenge von
$\subset$	ist echte Teilmenge von
$\cap$	geschnitten mit
$\cup$	vereinigt mit
$\setminus$	vermindert um
$\times$	gelesen „Kreuz“, Symbol für die Bildung von Paarmengen
$\{\ \}$	Leere Menge
$\mathbb{N}$	Menge der natürlichen Zahlen
$\mathbb{N}_0$	$\mathbb{N} \cup \{0\}$
$\mathbb{Z}$	Menge der ganzen Zahlen
$\mathbb{Q}$	Menge der rationalen Zahlen
$\mathbb{R}$	Menge der reellen Zahlen
$\|z\|$	Betrag einer Zahl
$n!$	n Fakultät
$\binom{n}{p}$	n über p
Σ	Summe
$\sqrt{\ }$	Quadratwurzel aus
$\sqrt[n]{\ }$	n-te Wurzel aus
π	Pi (3,14159 ...)
e	Eulersche Zahl (2,71828 ...)
$=$	gleich
$\neq$	ungleich
$<$	kleiner als
$>$	größer als
$\leqq$	kleiner oder gleich
$\geqq$	größer oder gleich
$\sim$	proportional (bei Mengen: äquivalent; in Geometrie: ähnlich)
$\approx$	angenähert gleich
$\triangleq$	entspricht
$\parallel$	parallel
$\nparallel$	nicht parallel
$\perp$	rechtwinklig zu
$\triangle$	Dreieck
$\cong$	kongruent
$\sphericalangle$	Winkel
$\sphericalangle ABC$	Winkel zwischen $\overline{BA}$ und $\overline{BC}$
$\overline{AB}$	Länge der Strecke von A bis B
$\overset{\frown}{AB}$	Bogen von A bis B
$\vec{a}$	Vektor a
∞	unendlich
$\rightarrow$	nähert sich
f(x)	f von x (Funktion von x)
log	Logarithmus
$\log_a$	Logarithmus zur Basis a
lg	Zehnerlogarithmus
ln	natürlicher Logarithmus
sin	Sinus
cos	Kosinus
tan	Tangens
cot	Kotangens